Systematic Implementation and
Evaluation of Technical Standards:
Methods and Practices

技术标准体系化
实施评价方法与实践

陈 梅 主编

中国电力出版社
CHINA ELECTRIC POWER PRESS

内 容 提 要

标准实施是标准化工作的关键环节。本书以国家电网有限公司技术标准实施评价创新实践为基础，构建了技术标准体系化实施评价的总体框架，提出了以"两统一—三体系—七步法"为核心的企业技术标准体系化实施评价模式。本书重点介绍了国内外技术标准实施研究现状、理论基础和实践应用情况，阐述了技术标准体系化实施评价的内涵要义，解析了技术标准体系化实施评价的具体方法，论述了国家电网有限公司技术标准体系化实施评价的实践过程，构成了完整的技术标准体系化实施评价知识体系。本书有助于读者领会企业技术标准实施中的要点和难点，系统掌握技术标准体系化实施的方法和工具。本书对推进技术标准高效实施、企业标准化治理体系建设以及我国技术标准实施理论创新具有重要的参考价值。

本书适合企业标准化管理人员、标准制定者和使用者，以及从事相关标准化研究工作的人员阅读使用。

图书在版编目（CIP）数据

技术标准体系化实施评价方法与实践/陈梅主编. —北京：中国电力出版社，2021.1
（2021.7 重印）
　ISBN 978-7-5198-5302-0

　Ⅰ. ①技…　Ⅱ. ①陈…　Ⅲ. ①电力工程－技术标准－评价法－中国　Ⅳ. ①TM7-65

中国版本图书馆 CIP 数据核字（2021）第 018895 号

出版发行：中国电力出版社
地　　址：北京市东城区北京站西街 19 号（邮政编码 100005）
网　　址：http://www.cepp.sgcc.com.cn
责任编辑：刘亚南（010-63412330）　霍　妍
责任校对：黄　蓓　郝军燕
装帧设计：王红柳
责任印制：钱兴根

印　　刷：三河市万龙印装有限公司
版　　次：2021 年 1 月第一版
印　　次：2021 年 7 月北京第三次印刷
开　　本：710 毫米×980 毫米　16 开本
印　　张：11
字　　数：115 千字
定　　价：68.00 元

编　委　会

标准作为人类文明进步的成果，在支撑产业发展、促进科技进步、规范社会治理中的作用日益凸显。在国家高质量发展要求和创新驱动发展战略的背景下，标准正成为创新发展的重要支撑力量。但在企业标准化实践中，长期存在着"重制定、弱修订、轻实施"的问题，使得标准的支撑引领作用不能充分发挥，标准作用与效能弱化。开展标准实施方法研究，已成为解决上述"短板"问题的必要手段。

2015 年 3 月，国务院《关于印发深化标准化工作改革方案的通知》明确提出"强化标准的实施与监督"工作要求。2015 年 12 月，国务院办公厅《关于印发国家标准化体系建设发展规划（2016—2020年）的通知》进一步做出"推动标准实施""充分发挥企业在标准实施中的作用""企业要建立促进技术进步和适应市场竞争需要的企业标准化工作机制"等工作部署。2018 年 1 月正式实施的《中华人民共和国标准化法》修订版明确规定："标准化工作的任务是制定标准、组织实施标准以及对标准的制定、实施进行监督"。标准实施始终是标准全生命周期中体现其价值的关键环节。标准只有通过实施才能实现制定标准的目的，才能检验标准的适用性、先进性，才能促进标准自身的发展。对于企业管理而言，标准的体系化实施将更具实际意义。

目前，国内外尚没有成熟的标准体系化实施经验。本书将理论与实践相结合，聚焦技术标准，以国家电网有限公司经验做法为案例对技术标准体系化实施及实施监督模式进行了探索，以期通过国内外标准实施情况的实践研究，结合管理学方法和工具，提出适合中国企业（尤其是大中型企业）的技术标准体系化实施方法论和工具，推进标准的精准落地和高效应用。希望本书的出版对完善国内外技术标准实施的原理和方法、加快标准化工作的方法创新具有一定的促进作用，也希望对推动国家、行业技术标准实施与实施监督工作落地提供有益借鉴。

为更好地服务国家、服务行业、服务企业，响应国家高质量发展对创新标准化工作方法的新要求，经过编者十几年在技术标准实施方面的实践研究和思考探索，在国家电网有限公司技术标准实施评价的成果基础上，编者对技术标准体系化实施评价方法进行了总结提炼。本书凝聚了全体编者的汗水与心血，同时也是国家电网有限公司近几年技术标准实施评价实践的重要成果和全体员工智慧的结晶。

本书由陈梅负责全书的框架、思路、技术路线设计和总体把握，赵海翔、宋平负责总体协调以及各个环节的组织和系统整合工作。各章编写人员共同对本书的内容进行了讨论，其中第一章由陈梅、王晓刚编写；第二章由宋平、陆启宇、华斌、李永编写；第三章由赵海翔、刘小倩、赵涛编写；第四章由赵海翔、宋平、李文清编写；第五章由王晓刚、宋平、陆启宇、刘小倩编写；第六章由华斌、李刚、刘小倩、朱青山、钱一宏编写；第七章由陈梅、赵海翔编写。

　　本书在编写过程中，得到了国家电网有限公司总部各部门、各省电力公司、产业单位、科研单位等的大力支持，同时参考了一些管理类著作和文章，引用了其中部分理论和案例（参考文献附后），在此对相关作者表示感谢。由于时间仓促及编者水平有限，书中难免有不妥之处，敬请广大读者批评指正。

编　者

2020 年 12 月

contents
目 录 ————————————————————

第一章

概　　述

第一节　研　究　背　景

标准实施是标准价值体现的关键环节。随着经济社会快速发展和社会化程度的提高，国家、行业、企业对标准高效实施和有效落地提出了更高要求，对标准实施的方法研究需求更加迫切。本节从国家、行业、企业等层面对标准实施提出的全新要求切入，阐述技术标准体系化实施评价方法研究的必要性和重要性。

一、国内外发展环境简析

在世界范围内，标准化工作进入快速发展新阶段。随着经济全球化不断深入、信息技术高速发展、市场全球化速度加快，世界新一轮科技革命和产业变革加速推进，产业跨界融合发展愈发明显，新模式、新业态层出不穷，技术创新和标准研制体现出融合发展的特点。目前，许多国家都将标准化上升作为国家战略予以推动，全世界各个国家在标准化重要性的认识上已达成基本共识。

在国内，标准化与创新的融合成为经济和社会发展的有效途径。随着经济社会水平、科学技术水平的进一步提高，标准化在保障产品质量安全，促进产业转型升级和经济提质增效，服务外交外贸等方面发挥的作用越来越明显。《国家中长期科学与技术发展规划纲要（2006—2020 年）》明确指出，相关管理部门要加强对重要技术标准制定的指导协调力度，共同推进国家重要技术标准的研究及制定。

二、标准实施研究的意义和价值

标准实施作为检验标准能否取得成效及实现其预定目的的关键环节，是整个标准化活动中至关重要的组成部分，其目的是将制定的标准落实应用到标准对象，并通过标准实施发现标准自身存在的问题，从而为进一步修订标准提供依据。基于对标准实施在国家高质量发展、产业升级进步、企业高效运营方面起重要作用的认识，国家电网有限公司积极响应国家标准化改革要求，聚焦技术标准，对标准体系化实施评价的方法展开系统研究与示范检验。本书所述技术标准体系化实施评价，是指建立特定的模型方法对企业建立的技术标准体系分专业、分层次实施并有效监督，对标准的有效性、适用性、先进性进行评价，从而达到以评价促实施、以评价促改进的目的。

标准实施的作用主要体现在以下三方面。

（1）标准的有效实施有助于经济高质量发展。目前，我国经济发展增长速度从高速增长转向中高速增长，发展方式从规模速度型转向质量效率型，发展动力从要素驱动、投资驱动转向创新驱动，使得创新成为引领发展的第一驱动力。2017 年 6 月，中华人民共和国科技部、中华人民共和国国家质量监督检验检疫总局、国家标准化管理委员会联合发布了《"十三五"技术标准科技创新规划》,落实《国家创新驱动发展战略纲要》《国家中长期科学和技术发展规划纲要(2006—2020年)》《深化标准化工作改革方案》《"十三五"国家科技创新规划》《深化科技体制改革实施方案》《国家标准化体系建设发展规划(2016—2020年)》等战略部署和政策规划,以实施标准化战略为主线,围绕健全协同创新推进机制,激发市场主体创新活力,培育中国标准国际竞争新优势等方面提出了一系列重要举措,以标准加速科技成果转化应用,提升发展的质量效益。由于高质量发展对标准化工作提出了更高要求,标准化的进步催化高质量的成果,因此积极推进标准体系构建,开展标准实施评价,构建从计划编制、标准制定,到标准实施,再到信息反馈的管理闭环是落实国家政策,实现我国社会经济高质量发展的重要举措。

(2)标准的有效实施有助于产业技术创新发展。没有技术创新,标准创新是无源之水;没有标准创新,技术创新就没有生命力。技术创新和标准创新只有与产业化结合,才能形成生产力。随着经济全球化进程的加快,科技与标准在经济社会发展中的战略地位日益突出,科技、标准与产业发展的联系更加紧密。如果说科学技术是第一生产力,自主创新是第一竞争力,那么标准则是市场第一控制力。科技创新不断提升标准水平,标准不断促进科技成果转化,科技成果转化促进产业竞争力升级,三者互为基础、互为支撑。当前,标准研制和科技创新越来越趋向同步,标准研制逐步嵌入到科技活动的各个环节，为科技成果快速形成产业、进入市场提供重要的支撑和保障；标准与科技创新在国际竞争中融为一体、相互借力，成为参与国际竞争与合作的战略手段。标准的生命在于实施，而标准的生命力在于持续反馈改进。技术标准体系化实施评价是提升技术标准水平的基本要求，是加快产业技术创新、促进技术进步的重要手段。

（3）标准的有效实施有助于企业高效运营。只有高标准才有高质量，所有适用的标准是企业组织生产和经营的依据。标准的制定是基础，但仅有好的标准是不够的，抓好标准的实施过程同样重要，标准实施是实现标准价值的最关键环节，任何标准都要落脚于标准的实施。很多企业中的标准化工作普遍存在"重制定、弱修订、轻实施"现象，即过于重视标准体系的构建，缺乏对标准体系的实施及监督，未能在实践中充分运用标准。只有通过对标准体系化实施进行监督评价，发现存在的诸如标准的科学性、可操作性、协调性、先进性等适用性问题并采取纠正措施，形成标准评价的信息反馈机制，促进标准的检验和改进，提升标准适用性和质量，才能充分发挥标准在淘汰落后产能、促进产业转型升级和提高产品质量等方面的重要作用。因此，加强对标准体系化实施的研究，重视标准实施工作不仅是企业高效运营的迫切需要，还是实现企业战略落地、技术创新、管理提升的关键环节。

综上所述，标准的有效实施对国家高质量发展、行业技术进步和企业高效运营具有重大意义。标准实施评价作为发挥标准实施效力和提升标准治理水平的有效手段，对促进企业发展、提高企业经济效益具有重要的推动作用。

第二节　研　究　内　容

针对当前标准实施过程中面临的方法缺失问题，本书确定以方法与路径研究为核心的研究目标，按照基于理论研究建立模型的研究思路确立 7 个章节的内容。

一、研究目标

技术标准是企业标准体系的核心，本书在理论研究与实践检验的基础上，有针对性、系统地提出通过"技术标准体系化实施评价方法"有效解决技术标准的系统性实施问题：一是形成技术标准体系化实施评价通用模式，建立一套科学适用的体系化推进技术标准实施评价的方法；二是建立技术标准体系化实施评价的闭环管理过程，明确各过程环节的内容和要求，提供可操作性的方法；三是构建技术标准实施评价方法，科学合理推进技术标准实施的监督工作，实现以评价促实施、以评价促改进。

二、研究思路

企业技术标准实施涉及诸多问题，目前针对技术标准实施及实施监督方面的研究相对较少，对具体技术标准实施的研究成果适用面比较窄，前瞻性和普适性不强，当前国内外尚无成熟的、可通用的企业技术标准实施及实施监督方法。据此，本书首先在国内外标准实施相关情况研究基础上，调研分析技术标准实施评价的基本理论，基于理论和实践的适用性分析，提出建立基于过程管控的技术标准体系化实施评价方法，设计构建以"两统一—三体系—七步法"为核心的技术标准体系化实施评价模式，然后给出企业技术标准体系化实施评价模式的具体方法，最后以国家电网有限公司的应用实践为例说明该模式和方法的有效性和适用性。

三、全书结构

本书遵循"现有理论与实践分析—框架模型建立—方法和机制研究 实证研究"的基本思路，将以技术标准实施及实施监督为研究对象的技术标准体系化实施评价研究内容分成 7 章进行阐述。

第一章是概述。介绍了技术标准体系化实施的背景和主要意义，阐述本书的研究、目标，以及介绍本书的主要内容和章节安排。

第二章是国内外标准实施研究与发展概况。从标准战略、标准体系建设、标准实施、标准实施监督等方面对国内外标准实施的情况进行研究，总结国内外标准实施的基础和要点，得出建立"基于过程管控的技术标准实施评价"的研究结论。

第三章是企业技术标准实施评价理论基础与实践应用概述。主要从管理学理论和标准化方法的角度开展理论基础研究，构建技术标准体系化实施的基本理论基础，建立技术标准实施评价模式和方法的支点。

第四章是企业技术标准体系化实施评价模式。根据基于过程管控的技术标准实施评价方法要求，依据理论基础支点，综述"两统一—三体系—七步法"技术标准体系化实施模式，阐述"两统一""三体系"所包含的基本要素和"七步法"的基本流程。

第五章是企业技术标准体系化实施评价方法。以企业为中心和对象，分解阐述企业"两统一—三体系—七步法"技术标准体系化实施模式的工作重点和实施路径，进一步为企业应用"两统一—三体系—七步法"提供借鉴。

第六章是国家电网有限公司技术标准实施评价实践。以国家电网有限公司为例，介绍电网主营业务及技术标准的应用情况，并将其如何将技术标准体系化实施评价模式转化为企业的管理工作和任务进行分析，阐述具体实施的过程和成效。

第七章是总结与展望。总结本书主要的研究结果和创新内容，指出研究过程中存在的问题，对进一步研究工作做出一定的展望和设想。

本书基本研究框架见图 1-1。

四、本书特色

区别于现有的实践研究，本书具有明显的难点和特色：

（1）本书针对的是技术标准的体系化实施，涉及整个技术标准体系。区别于单个业务或者单项的技术标准，防止常规管理模式下的纵向管理导致的标准交叉矛盾问题。

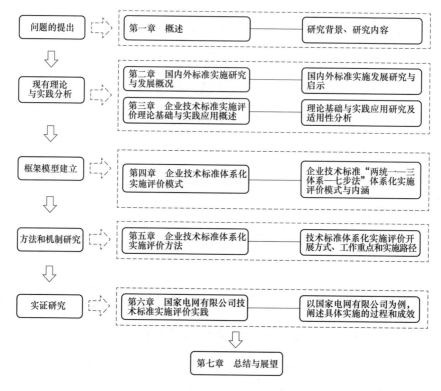

图 1-1　本书基本研究框架

（2）本书所述技术标准实施评价为系统性评价过程，包括从标准制定、标准实施到标准实施监督、意见反馈的全流程，不同于仅针对标准实施工作某一环节，或者某项标准的现有研究实践。

（3）国家电网有限公司具备典型大型工业企业特征，强调技术标准的一体化实施，即横向上是技术标准在所有业务间的协同，纵向上是技术标准工作在不同层级间的贯通；同时，通过技术标准实施触发产业价值链条末端，并在最短时间内有效反馈，实现标准的体系化实施和持续优化。

第二章

国内外标准实施研究与发展概况

20 世纪 90 年代，随着美国、德国等国家开展国家标准化战略研究，标准化在世界范围内引起了更为广泛的重视。在国家标准化战略指引下，企业标准化工作有序推进，在标准实施及实施监督方面做了有益的探索。本章主要将国内外宏观（国家）、微观（企业）层面上与标准实施的有关工作进行梳理，以便对本书所述技术标准体系化实施提供有益借鉴。

第一节　国外标准实施研究与发展简介

标准实施是标准化工作的重要环节，与标准化战略、标准体系、标准实施工具、宣贯培训、标准化工作机制建设等息息相关。本节主要从上述 5 个方面对国外标准实施的相关工作情况及其特点进行介绍。

一、国外标准实施情况

（1）超前布局标准化战略，引领标准实施方向。标准化战略是国家推进标准化整体工作和企业实施标准化的行动纲领。美国、日本、加拿大以及欧盟各国都将标准化作为重要的国家战略，在标准体系形成、标准制修订、标准实施方面逐步下沉成为企业推进标准化工作的重要指南。

以美国为例，美国于 2000 年 8 月正式推出了《美国国家标准战略（2000 版）》，并分别于 2004 年 12 月、2010 年 12 月完成了修订，形成《美国标准战略（2005 版）》《美国标准战略（2010 版）》。其战略要点是进一步加大美国参加国际标准化活动的力度，推进与科学技术发展相适应的标准化，提升美国在国际标准化中的竞争力，使国际标准更多地反映美国的技术和利益；力争承担更多的国际标准化组织（ISO）、国际电工委员会（IEC）技术委员会（TC）秘书处工作；大力推广采用事实标准。《美国标准战略（2010 版）》对标准实施提出了多方面要求，主要包括在政府部门积极促进自愿性标准的应用；满足健康、安全、环境保护方面的标准化需求，坚持将科学基础的先进技术纳入标准中；吸收更多的消费者参与标准的制修订工作，充分反映消费者的利益；协调和加强美国标准化体系各机构之间的联合与合作，消除分散化标准体系所带来的弊端等。

日本经历"标准化战略""日本国际标准综合战略""标准化官民战略"的演变发展，其标准化战略在不断发展的同时，内涵也发生着巨大转变。在标准化官民战略阶段，日本强调构建以民间为主体的官民融合型标准化工作机制，提出了 4 大工作重点，其中构建官民协作机制，旨在全面提升企业参与标准化的积极性与参与水平，全力保证企业战略性推进标准化工作，强化标准化人才的培养，为日本标准化工作长链条输送血液；构筑战略跟进体制，是在"标准化官民战略会议"的基础上，设置由政府和民间团体代表组成的秘书处，监督战略实施情况，基于"新市场创造型标准化制度"和"标准化应用支援合作制度"，持续保障战略的有序推进。

（2）建立适用标准体系，夯实标准实施基础。标准体系是一种由标准元素组成的系统。标准体系是标准实施的基础和前提，科学、先进的标准内容及标准体系有助于推进标准实施的效率和效果，提升标准带来的价值和效益。目前标准体系建设的系统方法主要有两种，一是以美国企业为代表建立的自愿性标准体系，指企业基于实际需求建立内部标准手册；二是起源于苏联的"综合标准化"方法，有利于标准的协调性和完整性。

美国、欧盟等国家建立了适应市场经济发展的国家标准体系，并达到了完善阶段。以美国标准体系为例，其包括自愿性标准体系和强制性技术法规体系两部分。自愿性标准体系主要由美国国家标准、学（协）会标准和联盟标准构成，特征是自愿参加制定、自愿采用。与其他国家不同，美国标准制定组织最先出现在私有部门，制定标准是为了满足这些私有部门的特殊要求及解决生产和工程中的问题。美国的标准体系是在私有部门制定的自愿性标准基础上建立起来的，这种自愿性标准能够有效地促进产业发展，降低工程复杂性。

由此，美国企业标准体系主要是结合自身业务需求，对外部标准（如国际标准、国家标准、协会标准等）通过引用、摘录、补充、修订，形成一套企业内部的标准手册和规范。美国无"强制性标准"

这一说法，除执行必要的法律法规外，其他标准的执行完全是自主自愿的。其做法一般是在国际标准化组织发布的众多标准的基础上，根据需要购买上万项标准的使用权，在企业内部标准体系中，实际应用或部分应用其中的上千项标准，最终结合企业业务需求编制企业内部标准数百项，从而构成了一个金字塔形的标准化资源结构图（见图 2-1），位于金字塔顶的即为企业内部标准体系，企业内部标准体系代表了企业的技术特色和核心竞争力。

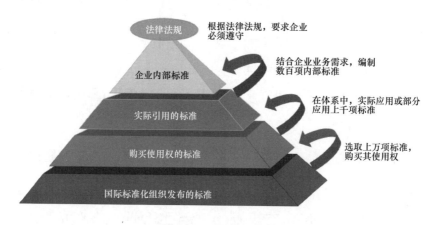

图 2-1　金字塔形的标准化资源结构图

"综合标准化"是指运用系统的观点和系统的方法制定并实施标准的一种方法，是系统工程科学在标准化领域具体应用的产物。"综合标准化"这一概念最早源于苏联。1965 年，苏联部长会议发布了"改善标准化"的第 16 号决议，该决议正式确立了"综合标准化"这一科学概念，并指出"开展综合标准化的主要任务是解决那些跨部门的标准化问题"，强调采用系统分析法和建立标准综合体是综合标准化的本质特征。为了探索在中国开展综合标准化的可行性，原国家标准局分别于1983—1986年、1986—1989年组织开展了综合标准化试点，取得了较好的效果。但后期由于种种原因，除国防工业系统外，综合标准化试点成果未能在其他系统中推广实施，使得国家对综合标准化的研究与实践中断了20年左右，直到2009年，国家修订发布了GB/T 12366—2009《综合标准化工作指南》。

根据GB/T 12366—2009《综合标准化工作指南》，综合标准化的定义是"为了达到确定的目标，运用系统分析方法，建立标准综合体，并贯彻实施的标准化活动"。其中"标准综合体"是综合标准化对象及其相关要素按其内在联系或功能要求以整体效益最佳为目标形成的相关指标协调优化、相互配合的成套标准。从定义可以看出，综合标准化的基石是目标导向、系统分析和整体协调；它主张不以追求单项标准最佳为目的，而是追求标准系统整体最佳；解决的也不是个别的、孤立的简单问题，而是整体解决复杂问题。综合标准化与传统标准化有着很大区别，传统标准化以制定标准和不断积累标准为特征，偏重标准制定，可称其为"制标主导型"的标准化。综合标准化以应用标准解决问题为特征，注重应用，可以称其为"应用主导型"的标准化。综合标准化与传统标准化的区别见表2-1。对于综合标准化而言，从顶层设计开始，制定成套标准是其特征，解决综合性问题是其目的。综合标准化不是将制定多少标准作为工作目标，而是将解决重大问题、发挥具体作用作为工作目标。

表 2-1 综合标准化与传统标准化的区别

角度	综合标准化	传统标准化
出发点	针对综合性（跨行业、跨部门）问题	针对个别、具体问题
目的性	明确、集中（众多标准为达到一个目的）	有目的，但互不相同
目标性	有总目标和分解目标，形成了目标体系	有目标，但标准间无目标关联
制标方式	成套制定	单个或成系列制定
协调方式	集中、统一、整体协调， 重在参数、功能最佳	个别、分散协调， 重在不矛盾、不重复

（3）研发标准选用工具，促进标准正确选用。标准体系建立后即进入选择标准的阶段。标准的正确选用是标准实施的第一个环节，将对标准实施产生的效果具有决定性意义。以传统电网领域的技术标准为例，如何从恒河沙数的相关标准中选出所需要的标准并实现协同工作，已成为企业新的难题。标准数以万计，仅凭手工分析，难度和复杂度极高。

在标准选用方面，国际电工委员会（IEC）认为选择适用的标准有两种方法：一种是"从下而上"，即从现有众多标准中找到可能用到的相关标准，再研究如何令这些标准协同工作；另一种是"从上而下"，即先分析需求，再依据需求设计标准。前者的不足是已有的标准不一定能适应来自各方面的需求，即使对这些标准进行修订，也难以满足所有需求；而后者是从需求入手进行设计，可以使标准满足所有需求。在标准充足的条件下，"自上而下"的标准使用方法有利于筛选核心标准、重要标准和密切标准。

IEC 研究出了标准地图（mapping chart）工具、用例（use case）

分析方法等标准分析工具用于标准的选择，并获得了巨大的成功。标准地图将智能电网几大功能模块之间的主要数据流表示出来，通过它将数目庞大的智能电网标准、用例映射为图表，确定哪些标准、哪些领域缺失标准。标准地图通过与用例一起对标准进行不足分析，进而管理整个 IEC 智能电网标准。用例用于需求分析和沟通，它站在用户的角度上从系统外部，清晰、详细地描述用户的实际需求，仅需要描述"谁"在"何种条件与约束"下"干什么"，是为了解决如何管理来自系统层面的需求而从统一建模语言中借鉴过来的一种分析方法。该方法已经被视为从定义业务需求到分析下一步标准化环节的过程中的一个重要部分。

（4）重视标准宣贯和培训，提高人员标准意识。开展标准宣贯和培训的目的是要让执行标准的人员掌握标准中的各项要求，在生产经营活动中有效贯彻执行标准。德国在标准化的教育和培训方面，通过将标准化的重要意义列入相关大学和高等院校的教材，利用教学软件普及相关信息加以推进。同时，德国非常注重企业内部标准化信息的流通，组织受过专门培训的咨询专家集中登录到网络中以方便标准机构和企业管理者之间的信息交流，方便企业内部有关标准化信息的流通。咨询专家可对企业内的标准化部门进行审查，审查其在企业架构中的位置是否恰当、人员是否适合企业标准化工作，以保证企业标准化工作正常开展并有效支撑企业管理工作。

（5）建立标准化协调机制，促进标准改进提升。德国通过标准化学会（DIN）实行典型的"自上而下"和"自下而上"相结合的标准化协调机制，促进标准的改进提升。DIN 是德国标准制定和实施中重要的组织者和协调者。标准制定以"条"为主，以标准委员会和工作委员会为主体"自上而下"推动标准制定；标准的实施以"块"为主，通过标准实施委员会与按地区成立的工作委员会实施"自上而下"的实施方案，并"自下而上"反馈标准问题，不断完善标准体系。以标准制定为例，在标准草案制定完成后，由 DIN 论证小组进行论证、修改，然后向全社会公布，并主动征集利益相关方意见，对主动征集的合理意见进行研究采纳。这种互补利弊的标准制定方式，既保证各利益相关方的参与调节，又有助于避免技术不确定带来的整体性错误，最终形成政府引导、市场驱动、社会参与、协同推进的标准化工作格局，提升了标准化管理效能。

二、国外标准实施工作特点

通过研究发现，国外在标准实施方面具有以下几个特点：

（1）代表性的发达国家普遍制定了国家标准化战略，标准化工作优先考虑环境、卫生和安全领域；标准化工作充分反映消费者的诉求；鼓励政府部门在立法时引用自愿性标准；加强标准化信息工作，加强宣传力度；确保标准体系的内外一致性；开展标准教育；确保标准组织的经济利益，积极维护标准化的生态系统。

（2）采用自愿基础上的标准手册模式是其标准体系建立的重要方式，除涉及人身安全的标准之外，企业多数是自愿采用标准，政府一般不直接参与标准制定也不负责标准执行产生的问题。若标准受法律应用及合同约定采用时，则应被严格执行。

（3）企业拥有最大限度的自主性，除法律法规及立法机构认定外，其他国家标准、协会标准、国际标准只是作为企业编制生产管理中实际执行标准的参考资料，企业内部主要执行自己编制的标准手册，并根据需要随时更新完善。

（4）企业专家深度参与并主导技术标准的制修订工作。标准代表了企业内部最权威的需求和成果，企业标准化管理体系保证了标准的协调衔接，从根本上解决了标准不适用或不被执行的问题。

（5）标准实施的动力一方面来自标准本身的科学性、公正性产生的信任，另一方面来自产品认证。市场作为资源配置的主体主导标准实施的力度。

（6）企业非常重视标准实施的实效性，注重标准实施过程中每个环节的执行情况。标准实施以效率和效能为前提。

（7）无论是国家层面，还是企业层面，都强调建立标准实施过程中的反馈机制的重要性，以促进标准质量的改进提升。

通过对国外标准实施相关资料的研究，可以看出：国外的标准实施基本上是按照标准实施过程开展针对性的管理，全面覆盖标准体系建立、标准制定、标准执行、宣贯培训、改进提升各个环节，在标准体系建立、标准选用方法、标准改进提升等方面形成了相对独立和适用的方法，其对标准的过程管控环节及管理方法值得国内企业借鉴，但目前尚未形成从标准制定、实施到实施监督的系统方法论。

第二节　国内标准实施研究与发展简介

国内在标准化战略制定、标准体系建设、标准实施推进、标准化良好行为企业创建等方面开展了诸多工作，积极促进了国内企业推进标准落地。

一、技术标准实施工作总体情况

（1）实施标准化战略，逐步重视标准实施与实施监督。中国标准化事业经历了"起步探索""开放发展"和"全面提升"三个阶段。第三阶段是党的十八大以来，我国进入新时代中国特色社会主义建设时期，也是标准化事业的全面提升期，在这一时期党中央、国务院高度重视标准化工作。习近平总书记指出，"标准助推创新发展，标准引领时代进步""中国将积极实施标准化战略，以标准助力创新发展、协调发展、绿色发展、开放发展、共享发展"，要求必须加快形成推动高质量发展的标准体系。中央全面深化改革委员会办公室将标准化工作改革纳入到了 2015 年重点工作，国务院相继出台了深化标准化工作改革的方案和国家标准化体系建设的发展规划。

为深入贯彻落实国务院《关于印发深化标准化工作改革方案的通知》（国发〔2015〕13 号）精神，我国于 2018 年开始开展国家标准化综合改革试点工作，在特定领域利用标准化的原理和方法，通过制定、实施标准等措施促进生产方式转变，提升产品和服务质量，探索新型的标准化模式和方法，拓展新的标准化工作领域。通过标准化试点，探索创新标准化的工作方法，提升全社会的标准化意识，推广标准化成功经验。

（2）确立分层标准体系，形成企业标准体系基础。根据《中华人民共和国标准化法》，标准包括国家标准、行业标准、地方标准、团体标准和企业标准。国家标准分为强制性标准、推荐性标准，行业标准、地方标准均为推荐性标准。企业可以根据需要自行制定企业标准，或者与其他企业联合制定企业标准。国家支持在重要行业、战略性新兴产业、关键共性技术等领域利用自主创新技术制定团体标准、企业标准。推荐性国家标准、行业标准、地方标准、团体标准、企业标准的技术要求不得低于强制性国家标准的相关技术要求。国家鼓励社会团体、企业制定高于推荐性标准相关技术要求的团体标准、企业标准。

从 20 世纪 90 年代开始，我国颁布了一系列关于企业标准体系的国家推荐标准。目前现行有效的主要标准有 GB/T 15496—2017《企业标准体系　要求》、GB/T 15497—2017《企业标准体系　产品实现》、GB/T 15498—2017《企业标准体系　基础保障》、GB/T 19273—2017《企业标准化工作　评价与改进》、GB/T 35778—2017《企业标准化工作　指南》、GB/T 13016—2018《标准体系构建原则和要求》、GB/T 13017—2018《企业标准体系表编制指南》，这 7 项标准为中国企业建立标准体系提供了基本的思路和方法。目前，国内企业大多是依据上述标准建立并形成了自身的企业标准体系。

在体系建立的方法论上，我国于 2009 年颁布了 GB/T 12366—2009《综合标准化工作指南》，对综合标准化和标准综合体等概念给出了定义。2012 年的全国标准化工作会上指出，"要以战略思维与系统思想为指导，汲取综合标准化在国防工业领域应用的成功经验，深入开展综合标准化理论及应用研究，开发具有科学性、实用性的方法工具"。但在国内，除国防工业系统外，较少有企业通过彻底贯彻和应用"综合标准化"的思想来进行企业标准体系建设。

（3）逐步开展标准实施研究，研究成果尚不系统化。标准实施是企业在与产品有关事项中选用并执行标准规定的一系列有目的的活动，即选用和执行标准的过程。目前国内对于标准实施、标准实施监督等开展了部分研究和实践，但并未从方法论角度开展系统研究。

企业通过创新管理机制强化学习和改进，持续协调和整合，不断提升制度标准执行力；同时，打造标准执行行为文化，培养员工"要我执行标准"转变到"我要执行标准"的行为方式，使标准执行成为员工日常的工作行为。针对强化标准实施监督，企业要求在严格按照标准执行体系文件、建立健全组织机构、明确标准监督责任制、提高人员素质等方面开展工作，促进标准实施质量提高。在标准实施效果评价方面，逐步建立标准评价体系及评价方法，对于标准实施评价指标体系的构建经历了从单维度指标发展到采用 PDCA 闭环指标体系的过程，评价方法也从采用问卷调查、对比法等定性较多的评价方法发展到采用定性、定量相结合的层次分析法、模糊综合评价法等。

（4）开展标准化良好行为企业创建活动，促进企业标准化管理水平提升。标准化良好行为企业是指按照《企业标准体系》系列国家标准的要求，运用标准化原理和方法，建立健全企业标准体系并有效运行，取得了良好经济效益和社会效益的企业。"标准化良好行为企业"称号由企业自行申请，经国家标准化管理委员会、地方政府的标准化主管部门或其授权的行业协会组织审核确认后获得。目前，创建标准化良好行为企业活动已在各省市、各行业全面开展，并成为我国标准化工作的重要内容。2014年，《电力企业标准化良好行为试点及确认管理办法》颁布实施，极大推进了标准化良好行为企业创建活动在电力行业的深入开展，对进一步发挥标准化在推进电力企业科学发展中的重要基础和引领作用，促进电力企业的生产、经营活动有序、高效、健康和可持续开展，确保电力系统安全、可靠、经济运行，保证电能质量和电力优质服务具有重要意义。

二、技术标准实施工作的特点

通过上述分析，可以看出我国技术标准实施工作具有以下特点：

（1）标准实施已上升为国家标准化工作的重点任务，被列入国家各类战略和规划，从顶层设计推进标准在相关行业、企业的实施，并对标准化工具逐步进行试点探索。

（2）国内企业普遍建立了自身的标准体系，收录、采纳国家标准、行业标准、企业标准等，在表达方法上实现了层次结构、序列结构、板块结构等相对清晰明了的模式，标准体系范围内的各项标准都是针对单个问题零星制定的，是在不同的时间分散完成的，未能彻底贯彻综合标准化思想。

（3）在标准实施方面，标准实施工作机制尚不完善，对标准实施关键环节的梳理尚不清晰，标准实施方面可参考的工具较少，未形成系统的标准实施方法及标准实施监督方法。

（4）监督检查未建立长效工作机制。目前，标准实施效果评价分工、评价内容、评价步骤、评价结果应用等没有统一部署，对标准实施效果的评价更多来自行业行政主管部门的重视程度。

近年来，我国标准化工作在标准供给、标准治理、标准实施方面取得了巨大的进步，标龄加快缩短，国际领先标准、先进标准层出不穷，国际标准化贡献不断加大，标准化在支撑经济社会发展中的作用愈加明显。在这种情况下，更需要加快标准实施评价模式研究以促进标准这一特殊的基础性制度切实转化为企业生产力。

第三章

企业技术标准实施评价理论基础与实践应用概述

标准实施在多数情况下是一项涉及面非常广的技术组织管理过程，这个过程因为标准的内容及实施对象、实施背景和实施场合的不同有很大差别。目前，国内关于标准实施工具的研究，尤其是对标准体系化实施的系统性研究甚少，针对标准实施和实施监督尚未形成明确的方法论和工具。本书结合标准实施的过程及标准化工作要求，研究分析针对技术标准实施评价的基本原理。

第一节　技术标准实施评价方法理论基础

技术标准实施评价方法需要建立在科学理论基础上，本节主要就与标准实施有关的理论进行介绍，阐述系统效应原理、PDCA 法则、标准全寿命周期管理、层次分析法等理论方法与标准化工作如何结合，进而建立技术标准实施评价方法的理论支点。

一、系统效应原理

按照现代系统论的观点，无论是在自然界，还是在人类社会中，普遍存在着各种各样的系统，标准也同样具有系统属性。由于标准实施所依附的标准系统不是一个孤立的系统，具有明显的目标性、集合性、动态性、开放性、阶段性、相对稳定性特征，因此对标准系统的管理，要运用计划、组织、监督、控制、调节等职能和手段，对各要素间的关系以及同外部环境间的关系进行协调，充分发挥其系统功能，促进标准系统的健康发展。

标准系统的效应不是直接从单项标准自身发挥的，而是从组成该系统的相互协同的标准集合中得到的，并且这个效应超过了标准个体效应的总和，这就是系统效应原理。标准系统是一个不可分割的整体，其效应一定要从完整的系统来看，作为有机整体的标准系统，其效应既与组成该系统的各个标准及结构有关，又不是单项标准个体效应的简单总和。

标准化活动是由人力、物力、财力、技术、信息等要素构成的社会活动。根据系统效应原理，要素的构成或组合方式不同，所产生的效果也很可能不同。根据需要或特定的目标，通过对各要素的合理筹划和有机组合形成系统，便可产生特殊的效应——系统效应。它能使有限的资源产生更大的能力，用较小的代价取得更大的收益，在较短的时间求得更快的发展速度。

因而，系统效应原理要求标准化工作应树立系统意识或者全局概念。根据这一原理开展标准化活动时，首先要确立明确的目标或要求，然后制订与实现目标有关的计划并认真处理好标准之间的协调、配合关系，保证标准系统是一个有机联系的整体，以便产生系统效应，达到预定目标。在标准化管理活动中，从目标的制定，计划的落实，到决策方案的选择，以及在决策实施过程中根据信息进行的协调、控制都必须运用这一原理。只有始终不脱离系统总的奋斗目标，追求较好的系统效应，才能进行有效地管理，不断提高标准化的科学管理水平。

二、PDCA 法则

PDCA 循环又名戴明环，PDCA 循环见图 3-1，是管理学中著名的通用模型。PDCA 循环最早由休哈特（Walter A. Shewhart）于 1930 年构想，后来被美国质量管理专家戴明（Edwards Deming）博士于 1950 年再度挖掘出来，并加以广泛宣传和运用于持续改善产品质量的过程中，成为全面质量管理所应遵循的科学程序。全面质量管理活动的全部过程，就是质量计划的制订和组织实现的过程，这个过程就是按照 PDCA 循环不停顿地、周而复始地运转。PDCA 循环是能使任何一项活动有效进行的一种合乎逻辑的工作程序，尤其被应用在质量管理中。

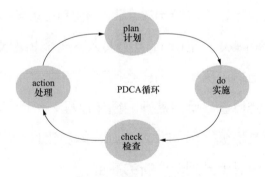

图 3-1　PDCA 循环

P、D、C、A 四个英文字母所代表的意义如下：①P（plan）计划，包括方针和目标的确定以及活动计划的制订。②D（do）执行，通过具体运作从而实现计划中的内容。③C（check）检查，总结执行计划的结果，分清哪些对哪些错，明确效果，找出问题。④A（action）行动，针对问题提出解决措施并处理，以及调整目标。

对总结检查的结果进行处理，对于成功的经验，加以肯定并予以标准化，或制定作业指导书，便于以后工作时遵循。对于失败的教训进行总结，以免重现。对于没有解决的问题，应转入下一个PDCA循环去解决。

PDCA的基本步骤如下：

（1）分析现状，发现问题。

（2）分析质量问题中各种影响因素。

（3）找出影响质量问题的主要原因。

（4）针对主要原因，提出解决的措施并执行。

（5）检查执行结果是否达到了预定的目标。

（6）把成功的经验总结出来，制定相应的标准。

（7）把没有解决或新出现的问题转入下一个PDCA循环去解决。

在标准实施的过程中，同样经历了标准制定发布、标准宣贯、标准执行、监督检查、反馈提升的循环过程，因而标准实施的理论基础之一是通过积极采用PDCA法则来解决工作中存在的问题，提高工作质量，使其上升到一个新的高度。

三、4Y理论

中国某些企业结合自身的管理实践，把PDCA简化为4Y管理模式（见图3-2），让PDCA经典理论得到了新的发展。4Y即计划到位（yes plan）、责任到位（yes duty）、检查到位（yes check）和激励到位（yes drive）。

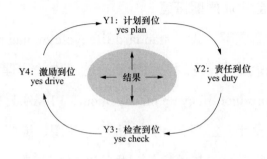

图 3-2　4Y 管理模式

（1）计划到位：好的结果来自充分的事前准备和有效的协同配合。要根据项目的周期进行"里程碑"设置，一个里程碑就是一个时间节点，若要很好地把控整个项目的进程，只要在关键的节点进行跟踪即可。

（2）责任到位：由于计划的完成需要行动的支撑，只有责任到人，才会有真正的行动，再完美的计划也需要人去执行，因此该计划一定要责任到人。由于中国某些企业尤其是成长型企业尚存在指令不清、责任不明的状况，因此责任到位非常关键。

（3）检查到位：在很多情况下，人们不会做被期望的事情，而只会做被监督和检查的事情，因此强调检查到位非常重要。作为项目负责人，要根据计划的节点进行检查，及时的检查可以避免因出现大问题而直接影响项目整体进展情况。

（4）激励到位：有反馈必有激励，因此要激励到位。

27

（5）结果导向：结果决定着企业的有效产出，4Y 实质上强调的是结果导向。

四、标准全生命周期管理

标准全生命周期管理（standard lifecycle management，SLM）是由产品全生命周期管理理论引申而来的一种管理理念。产品全生命周期管理（product lifecycle management，PLM）是指管理产品从需求、规划、设计、生产、经销、运行、使用、维修保养直到回收再利用的全生命周期中的信息与过程。PLM 支持并行设计、敏捷制造、协同设计和制造、网络化制造等先进的设计制造技术。SLM 与传统标准管理的不同之处在于，传统的标准管理是面向标准和机构的管理，而 SLM 则是针对整个机制、流程和服务的管理。SLM 管理过程包括一组活动以及它们之间的顺序关系、过程及活动的启动和终止条件，以及对每个活动的描述，通过将标准化活动分解成定义良好的任务、角色、规则和过程来完成执行和监控，达到提高标准化组织水平和工作效率的目的。

五、六西格玛改进方法

六西格玛改进方法（DMAIC）是六西格玛管理中流程改善的重要工具。DMAIC 是指定义（define）、测量（measure）、分析（analyze）、改进（improve）、控制（control）5 个阶段构成的过程改进方法，一般用于对现有流程的改进，包括制造过程、服务过程以及工作过程等。六西格玛改进方法见图 3-3。

一个完整的六西格玛改进项目应完成"定义 D""测量 M""分

析 A""改进 I"和"控制 C"5 个阶段的工作。每个阶段又由若干
个工作步骤构成。虽然摩托罗拉公司、GE 公司等采用的工作步骤
不尽相同，有的采用 6 步法，有的采用 12 步法或 24 步法。但每个
阶段的主要内容是大致相同的，每个阶段都由一系列工具方法支持
该阶段目标的实现。

图 3-3　六西格玛改进方法

六、80/20 定律

管理学范畴有一个著名的"80/20"定律（"80/20"法则），是
建立在"重要的少数与琐碎的多数"原理基础上，按事情的重要程
度编排行事优先次序的准则。这个定律是由 19 世纪末期与 20 世纪
初期的意大利经济学家兼社会学家维弗利度·帕累托提出的。它
的大意是：在任何特定群体中，重要的因子通常只占少数，而不
重要的因子则占多数，因此只要能控制具有重要性的少数因子即
能控制全局。在确定流程梳理、优化和再造目标的流程选择过程
中可引入该定律。流程选择遵循"80/20"定律，首选关注那些

"关键流程"，他们的数目虽然可能只占全部数量的 20%，但却对整个组织绩效发挥 80%的决定性作用。

七、流程管理

流程管理（process management），是一种以规范化的端到端的卓越业务流程为中心，以持续的提高组织业务绩效为目的的系统化方法。常见的商业管理教育，如 EMBA、MBA 等均对流程管理有所介绍，有时也称其为业务流程管理（BPM）。流程管理是一个操作性的定位描述，指的是流程分析、流程定义与重定义、资源分配、时间安排、流程质量与效率测评、流程优化等。因为流程管理是为了客户需求而设计的，所以这种流程会随着内外环境的变化而需要被优化。

流程管理的核心是流程，流程是任何企业运作的基础，企业所有的业务都需要通过流程来驱动，就像人体的血脉一样。流程把相关的信息数据根据一定的条件从一个人（部门）输送到其他人员（部门），得到相应的结果以后再返回到相关的人（或部门）。一个企业从不同的部门、不同的客户、不同的人员和不同的供应商都是靠流程进行协同运作的。流程在流转过程会带着相应文档/产品/财务数据/项目/任务/人员/客户等数据信息进行流转，如果流转不畅，就会导致企业运作不畅。影响发挥流程基础性作用及流程效率的因素较多，流程管理需要与企业的战略、业务、员工等关键要素有机结合、协调开展。高效的流程管理在落实战略要求、建立流程方法、培养员工流程意识、配套信息化建设、合理设计流程体系等方面具有如下典型特征。

（1）战略：战略决定流程管理，流程需要支持战略的实现。战略举措要落实到对应的流程上，因此不但要找出实现战略举措的流程，而且还要对其进行有机整合和管理。

（2）流程：流程管理本身要从顶层流程架构开始，形成端到端层级化的流程体系。定义和设计流程管理的方法和标准，设计端到端的流程绩效指标（PPI），建立中央流程库，是实现"以流程为中心"思想的重要特征。

（3）人员：流程管理是一项专业性很强的工作。要实现以流程为中心的思考和行为模式，首先要实现流程管理推动者培训和企业内部流程管理人才队伍的培养和发展。流程学习社区的建设和流程管理知识交流机制建设都是重要的体现形式。进行流程管理的相关认证会更好推动在领导者、管理者和普通员工中普及以"流程为中心"的思考方式，进而带来组织的变革。

（4）工具：IT 及非 IT 管理工具的应用，对流程思想的普及和实现都具有举足轻重的作用。建立一个企业级的流程管理平台，并将流程与企业的战略目标相结合，进而与 IT 系统进行有效关联，可有效实现组织的流程思维。

（5）子流程：根据行业的不同特点，基于价值链梳理企业的流程框架进行阶段性流程定义，然后分层级进行流程的梳理。强制流程的执行，即子流程未执行完毕，上级流程不能启动。

（6）流程嵌套：通俗地讲，就是流程之间的关联查看与前后置关系。

八、层次分析法

层次分析法简称 AHP，在 20 世纪 70 年代中期由美国运筹学家托马斯·塞蒂（T.L.Saaty）正式提出。它是一种定性和定量相结合的，系统化、层次化地将对指标作用的定性评价转化为定量权重的有效方法。由于它在处理复杂的决策问题上的实用性和有效性，它的应用已遍及经济计划和管理、能源政策和分配、行为科学、军事指挥、运输、农业、教育、人才、医疗等领域。

层次分析法是基于差异化的层次结构构建，从而求得各个判断矩阵特征向量，根据得到的特征向量进一步求解出不同层次因素对其上一层某因素的最优比重，利用加权求和的方法最终求得最底层元素对最终目标的比重的方法。层次分析法流程如图 3-4 所示。

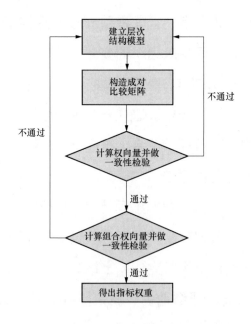

图 3-4　层次分析法流程

层次分析法具体可分为以下几个步骤：

（1）建立指标层次结构。层次分析法的一个重要特点就是用两两重要性程度之比的形式表示出对应的重要性程度等级。这是由于直接给各个因素分配权重是比较困难的，但在不同因素之间两两比较其重要程度是相对容易的。在深入分析技术标准评价指标的基础上，将有关的各个指标按照不同属性自上而下分解成若干层次，同一层的所有因素从属于上一层的因素或对上层因素有影响，同时又支配下一层的因素或受到下层因素的影响。最上层为目标层，通常只有一个因素，最下层通常为方案或对象层，中间可以有一个或几个层次，通常为准则或指标层。当准则过多时（譬如多于 9 个），应进一步分解出子准则层（层次分析法指标层次结构见图 3-5）。

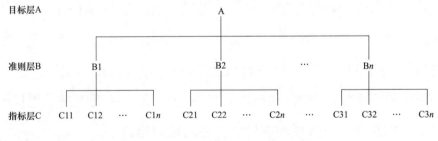

图 3-5　层次分析法指标层次结构

（2）构造判断矩阵。从层次结构模型的第 2 层开始，对于从属于（或影响）上一层每个因素的同一层所有因素，用成对比较法构造成对比较矩阵，直到最下层。具体方法是将不同因素两两相比获得的值 a_{ij} 填入到矩阵的 i 行 j 列的位置，则构造了所谓的成对比较矩阵，对角线上则都为 1。标度的含义见表 3-1。

表 3-1 标 度 的 含 义

标度	含 义
1	表示两个因素相比,具有相同重要性
3	表示两个因素相比,前者比后者稍重要
5	表示两个因素相比,前者比后者明显重要
7	表示两个因素相比,前者比后者强烈重要
9	表示两个因素相比,前者比后者极端重要
2、4、6、8	表示上述相邻判断的中间值
两个因素重要性之比的倒数 $\left(如 \dfrac{1}{3}、\dfrac{1}{4}、\dfrac{1}{7} 等\right)$	若 i 行因素与 j 列因素的重要性之比为 a_{ij},那么 j 列因素与 i 行因素重要性之比 $a_{ji} = 1/a_{ij}$

(3)判断矩阵的一致性检验。对于每一个成对比较矩阵,计算最大特征根及对应特征向量,利用一致性指标、随机一致性指标和一致性比率做一致性检验。若检验通过,则特征向量(归一化后)即为权向量;若不通过,则需重新构造成对比较矩阵。计算最下层对目标的组合权向量,并根据公式做组合一致性检验。若检验通过,则可按照组合权向量表示的结果进行决策,否则需要重新考虑模型或重新构造那些一致性比率较大的成对比较矩阵。

(4)层次单排序。计算出某层次因素相对于上一层次中某一因素的相对重要性,这种排序计算称为层次单排序。具体地说,层次单排序是指根据判断矩阵,计算对于上一层次某元素而言,本层次与其有联系的元素重要性次序的权值。层次单排序计算问题可归结为计算判断矩阵的最大特征根及其特征向量的问题。一般用迭代法在计算机上求得近似的最大特征根及其相应的特征向量。

（5）计算层次总排序。依次沿递阶层次结构由上而下逐层计算，即可计算出最低层因素相对于最高层（总目标）的相对重要性或相对优劣的排序值，即层次总排序。

第二节　企业技术标准实施评价实践应用

对于标准实施，由于不同标准实施的难易程度不同、要求条件不同，因此难以做出统一规定。对于较为重大且涉及面较广的标准，应做到有组织、有计划地实施，具体包括如下活动：

（1）实施过程策划。包括明确目标、责任、程序、进度、措施。

（2）实施准备。包括组织准备、物资准备、技术资料准备、人员培训。

（3）实施过程管理。包括更改文件、执行标准、原始记录、问题处置。

（4）总结和改进。包括效果评价、提出改进意见、修订标准（必要时）。

每一项活动同样是由一系列的具体活动组成。在标准化活动中，"轻实施"是较为普遍的现象。也就是说，该实施的标准不实施，即使实施也不认真准备，出现问题也不积极采取措施，从而影响标准化整体效果。下面主要介绍一般标准应用型企业的标准实施评价实践。

一、以企业为中心的技术标准实施模式

针对企业发展需要，可将以企业为中心的技术标准实施模式大

体上划分为分析阶段、方案和决策阶段、准备阶段、实施阶段、检查总结阶段，以企业为中心的技术标准实施模式见图 3-6。

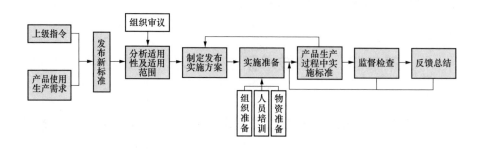

图 3-6　以企业为中心的标准实施模式

各阶段主要工作内容如下所述。

1．分析阶段

（1）标准的主题内容和适用范围是否与本企业有关，实施这些标准能否解决本企业或者有关产品的问题。

（2）实施的可行性、时机和条件是否成熟，有什么困难和问题。

（3）实施这些标准对企业现有生产条件、生产秩序带来什么影响，将付出什么代价。

（4）需要什么样的技术准备，什么样的仪器设备，工作量的大小和周期的长短。

（5）投资和预期效果。

2．方案和决策阶段

该阶段是在上述分析的基础上进行综合调整，按预定目标和现有条件进行策划，提出实施方案。应尽量提出几个符合边界条件的可行方案，并对不同方案的利弊得失进行对比，由领导层决策后再执行。

3．准备阶段

（1）组织准备。当某些标准实施工作复杂、涉及单位和技术面广时，应成立相应组织机构，必要时成立办公室或工作组，由企业技术负责人领导、标准化职能部门组织、有关单位指定专人参加。

（2）思想准备。主要是通过各种形式和渠道对企业领导和各级管理及技术人员宣传实施标准的意义，提高认识，以便员工能够自觉参与标准实施工作。

（3）技术准备。包括资料准备，如标准文本、差异对照、宣讲材料；举办各种宣讲学习班；组织技术难点的攻关等。

4．实施阶段

由于各种标准千差万别，具体实施时，工作内容也大不相同，应注意处理好以下问题：

（1）检查准备工作和工作内容的适用性。

（2）协调和处理标准中不明确、不适用的问题。

（3）协调和处理偏离标准问题。

（4）进行技术状态纪实。

5．检查总结阶段

主要是为了解决当前的问题，强调实施过程中进行阶段性检查和小结，以便弥补前期的不足，改进下一阶段的工作。检查形式有检查有关图样资料和原始记录，对现场进行了解和抽查，组织标准实施的评审等。

二、融合过程管控的标准化流程管理评价模式

根据全面质量管理"PDCA"法则，可将企业技术标准化流程划分为"制修订—宣贯—实施—评估反馈"4 个阶段的闭环结构。依据标准化流程各阶段的主要任务和特点，以提高标准的先进性、适用性，以及标准体系的系统性为实施评价的目标，识别影响技术标准实施的关键问题，包括标准的先进性、标准应用时的可行性、标准宣贯的充分性、标准效用与创制时的符合性、标准之间的协调性和标准体系覆盖的全面性等。以此为基础，建立标准化流程闭环及各阶段—各阶段责任部门—各阶段关键问题之间的对应关系，构建企业标准化流程闭环结构，标准化流程评价框架见图 3-7。

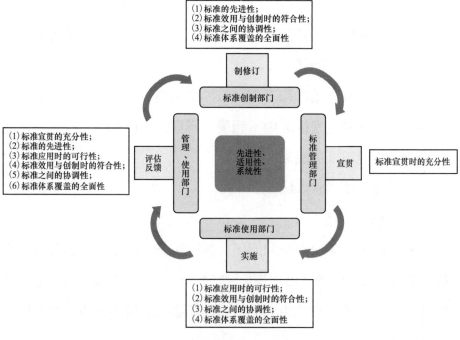

图 3-7 标准化流程评价框架

1. 构建评价体系

基于评估反馈阶段要考察的关键问题，确定标准实施评价指标，标准实施评价指标示意图见图3-8。

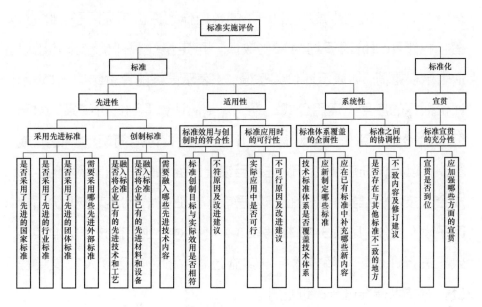

图 3-8 标准实施评价指标示意图

标准实施评价包括对标准的评价及对标准化的评价两方面。对于标准的评价，主要评价其先进性、适用性和系统性。对于标准化的评价，主要是对影响标准实施的标准宣贯环节进行评价。

2. 确定指标权重

运用层次分析法构建判断矩阵并通过一致性检验确定各个指标对标准实施效果的影响程度。以标准的先进性为例，通过层次分析法得到"采用先进标准"指标权重为 0.08；"创制标准"指标权重为 0.11。

3. 确定评价指标因子

对于单个指标优劣程度的评价，需要根据指标的作用机理确定相应的评价指标因子。评价指标考察评价目标相对于评价指标的符合性，按符合性程度给出 0 ~ 1 的数值作为评价指标因子。此时，指标权重和评价因子均为量化数值，可定量计算评价结果。若以 w 表示权重值，e 表示评价因子值，s 表示最终的评价结果，i 表示评价指标的序号，运用公式：$S = \sum_{i=1}^{n} e_i w_i$ 计算得到评价结果。对于只能给出定性评价或主观表述的评价问题，可用简明的"是"或"否"，以及详细表述的建议进行反馈。下面以先进性指标为例，形成企业技术标准实施评价指标因子表，企业技术标准实施评价指标因子表（部分）见表 3-2。根据表 3-2 可以对企业目前技术标准实施效果进行评价，了解技术标准实施过程中的影响因素及其重要程度，对技术标准进行改进提升。

表 3-2   企业技术标准实施评价指标因子表（部分）

评价目标	评价指标	指标评价因子		
先进性	采用先进标准	0 ~ 1	—	—
	是否采用了先进的国家标准	—	是/否	—
	是否采用了先进的行业标准	—	是/否	—
	是否采用了先进的团体标准	—	是/否	—
	创制标准	0 ~ 1	—	—
	是否将企业已有的先进技术和工艺融入标准	—	是/否	—
	是否将企业已有的先进材料和设备融入标准	—	是/否	—
	需要融入哪些先进技术内容	—	—	表述

第三节　企业技术标准实施评价方法构建要求

根据第二章对国内外标准实施进行的实践研究提出的基于过程管控的标准实施方法，结合与标准实施有关的管理学理论研究，可以发现任何理论都不可以直接应用于技术标准体系化实施。但运用对比分析法等理论基础，结合企业实践，可建立企业技术标准体系化实施方法。

一、管理学理论的启示

（1）技术标准实施应遵循系统性原则，统筹兼顾，有计划、有步骤地推进。标准实施过程中注重各环节间的衔接和协调，不能单一考虑标准执行环节，所有动作因围绕标准有效实施和高效应用而作为一个整体，以保证总体效果。

（2）技术标准的实施及实施监督实际上具有明确的实施流程和过程，可根据"80/20"定律考察标准实施的全过程，筛选、梳理企业技术标准实施的核心流程和关键环节，运用流程管理的思想确立标准实施的过程。

（3）技术标准实施应是一个闭环过程，按照封闭的基本方法，从结果中找出前面各环节中存在的问题和发生的原因，并将标准实施中的问题反馈给标准制定者，从而促进标准自身和标准实施成效不断改进、提升。

（4）技术标准与企业战略、业务需求之间存在强正相关性，"标准链"与"业务链"密切相关，标准化工作必须坚持局部服从全局，确保企业战略目标的实现。

（5）技术标准实施作为一个系统性过程，被体系化推进必然会对目标统一、标准获取、人员掌握提出更高要求，从而对企业资源基础、人员配备、员工意识等要素产生特定要求，以便真正、最大限度地发挥标准价值。

二、技术标准体系化实施评价模式构建的基本要求

综上所述，在技术标准体系化实施评价模式构建中应注意以下几个要点：企业战略目标对标准化工作的要求是什么？标准实施的标的对象、实施主体是否明确？标准实施相关各方职责是否已经被分配？标准实施过程是否已经被识别并适当界定？标准实施的程序环节是否得到高效实施和有效保持？在实现所要求的结果方面，是否通过定性定量方法评价过程有效性？围绕这几个要点，本书从目标设定、实施对象、责任分工、流程环节、操作方法、评价方法 6 个方面对技术标准体系化实施评价模式的构建提出 6 点基本要求：

（1）在标准实施初始，只有必须围绕企业战略目标确立工作目标，才能真正有效支撑企业的整体战略实施和目标实现，必要时制定统一的工作方案，明确工作路径，确保各层级"劲往一处使"。

（2）根据企业组织架构特点，确定实施对象、明确实施层级、理顺层次关系，必须要指出的是在标准实施过程中无论是何种组织架构，标准使用者始终都是标准实施评价主体。

（3）针对集团型企业或大型企业，还应理顺纵向上下级及横向部门各角色之间的管理关系，界定责任分工，必要时通过建立工作机制有效推动标准实施。

（4）确定标准实施过程的关键环节及关键问题，明确技术标准实施环节的主要工作内容和工作要求，识别各过程环节间的接口，强化各过程环节的协同运转。

（5）提出具体的操作方法和实施步骤，建立贯穿各单位、各层级的技术标准实施方法，在机制建设、组织建设、资源配置上夯实标准实施的基础。

（6）建立管理闭环，制定相应细致的、可操作的评价细则，针对标准实施的效果进行评价，对标准问题和标准实施问题进行有效反馈。

第四章

企业技术标准体系化实施评价模式

实施标准是企业标准化工作的核心，是体现标准价值的关键环节。如何有效实施标准是企业开展标准化工作的重点和难点。本章对企业技术标准实施评价方法和理论进行研究分析，提出以"两统一—三体系—七步法"为核心的企业技术标准体系化实施评价模式，解析技术标准实施评价模式建立的原则和基本内涵。

第一节 基 本 定 义

基于前述的理论基础和实践应用，本节提出结合企业实际开展技术标准体系化实施评价的基本原则，介绍企业技术标准体系化实施评价模式的设计思路及框架内容。

一、开展企业技术标准实施评价的基本原则

企业技术标准体系化实施评价作为企业标准化工作的重要抓手，是企业管理的重要组成部分，应遵循以下基本原则：

1. 目标一致原则

企业技术标准实施评价工作应遵循企业管理总体要求，支撑企业战略目标实现。通过设定统一的工作目标，促进企业内部建立统

一的思维模式和行为方式，建立统一的运作方法，发挥标准的系统效应。

2．过程管控原则

企业技术标准实施评价工作应覆盖技术标准管理的全过程，明确标准实施各关键环节的运作要求，提高过程管控及体系运行的有效性。通过监督评价各环节的实施情况，实现对标准实施全过程的有效管控。

3．职责清晰原则

明确企业内部"统一领导、归口管理、专业负责、专家支撑"的基本分工，结合技术标准实施评价各环节的运作要求，明确各环节管理人员的角色定位及职责要求，使实施评价工作有序开展，真正做到职责明晰、分工明确、管理到位。

4．分级实施原则

技术标准实施评价从体系建立、标准实施到改进提升的全过程，涉及企业总部及所属单位多个层级。由于不同层级单位对标准的需求不同，标准在各层级发挥的作用也不同，从而导致不同层级单位的工作任务存在差异，需要各层级单位在标准实施评价全过程各环节上实现有机衔接。

5．完整闭环原则

技术标准实施评价应包含监督检查、结果评价和改进提升，形成完整的管理闭环。通过评价和反馈持续改进标准实施的薄弱环节，促进技术标准实施效果持续提升，不断提高标准对业务工作的支撑力度。

6. 持续提升原则

坚持动态提升、持续改进，针对标准问题及标准实施问题，应查找原因，及时采取改进和预防措施，以促进标准自身质量和企业标准化治理能力的不断提升。

综上所述，技术标准实施评价的基本任务是推进各层级技术标准的实施和监督，促进技术标准精准落地和高效应用，全面提升企业自上而下的标准实施质量。围绕提升标准实施质量问题，技术标准实施评价模式总体框架的设计思路如下：基于技术标准全生命周期管理和 PDCA 管理原理，按照"目标一致、过程管控、职责清晰、分级实施、闭环管理、持续提升"的原则，依据基于过程管控的技术标准实施评价方法论，以技术标准实施流程关键环节为对象，匹配建立标准实施"七步法"，从统一标准体系、统一推进路径、构建技术标准实施体系、构建技术标准评价体系和构建技术标准实施保证体系 5 方面设计技术标准实施评价模型。构建通用化的组织体系、工作机制和基本流程，确定实施细则的关键环节、评价对象和关键问题。需要特别说明的是，本书所述技术标准体系化实施评价模式可灵活适用于不同规模和类型的企业，可应用于层次结构清晰的直线型大型企业或集团型企业，也可应用于独立的事业部型企业。为方便阅读，本书统一将企业按照层次结构分为企业总部、一级企业、二级企业、三级企业，其中一级企业、二级企业、三级企业统称为各基层单位或企业所属各单位。

二、企业技术标准体系化实施评价模式的概念

以"两统一—三体系—七步法"为核心的企业技术标准体系化实施评价模式（见图 4-1），是以支撑企业战略目标实现为根本，以企业技术标准战略为统领，以"标准精准落地和高效实施"和"标准有效监督和持续改进"为目标，有效实施"两统一"（统一技术标准体系、统一工作推进路径），聚焦"三体系"（技术标准实施体系、技术标准评价体系、技术标准实施保证体系）建设的模型方法。该方法全面覆盖所有层级单位，灵活运用技术标准实施评价"七步法"，有序开展体系维护、标准辨识、宣贯培训、标准执行、监督

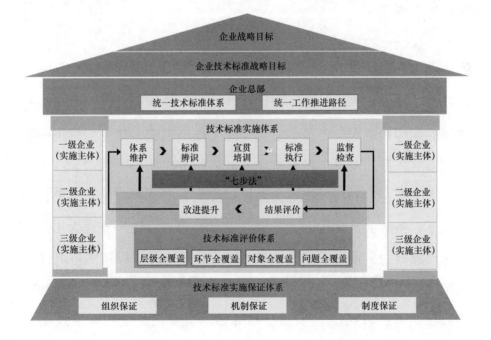

图 4-1 企业技术标准体系化实施评价模式

47

检查、结果评价和改进提升工作，推进技术标准自上而下"逐级分解实施、逐级监督评价"，自下而上"逐级反馈建议、逐级改进提升"，确保实现组织架构统一、工作路径清晰、评价过程闭环、反馈成效显著。

第二节　"两统一"的内涵

"两统一"指统一的技术标准体系和统一的工作推进路径，通过"体系统一"和"路径统一"，确保各层级技术标准实施评价工作紧密围绕企业总体工作目标，有效落实企业集约化、精细化和标准化的工作要求。

一、统一的技术标准体系

统一的技术标准体系是企业体系化、全局化地开展技术标准实施评价工作的首要基础。一般由企业总部做顶层设计，对技术标准体系的结构、层次、专业、分类、范围作出规定，建立相对统一的技术标准体系，发挥技术标准体系的系统效应和协同效应。

大中型企业的技术标准体系相对庞大，标准内容包罗万象，少则上千，多则上万，因而大中型企业普遍建立以生产流程为主线、与生产流程划分相匹配的企业技术标准体系。各层级技术标准体系层次结构、专业分类和标准明细相对统一，具有系统性、协调性、适应性、开放性特征。根据技术标准的重要性、使用频度及与业务的紧密程度，标准可分为核心标准和参考标准两类。核心标准集中在与企业重点业务领域密切相关且直接被使用和经常被引用的技术标准；参考标准作为企业核心标准的重要补充，应涵盖业务活动中可供参考的技术标准。

二、统一的工作推进路径

统一的工作推进路径是企业体系化、全局化开展技术标准实施评价工作的重要前提，一般由企业总部做顶层设计，统一制定技术标准实施评价工作方案，形成统一的工作目标，明确各层级之间的管理关系，提出统一的体制机制建设要求，明确重点任务和进度安排，确保企业技术标准实施组织集约化、管控一体化、任务精细化。

企业所属各单位根据总部的方案要求制定自身的工作方案，形成统一的工作目标，建立相应的工作机制，使上下层级有机结合并开展相关工作。工作方案一般要求按照技术标准实施评价工作职责划分，成立技术标准实施评价工作推进领导小组和工作小组，明确职责分工，加强各层级、各环节的管控、监督、检查和指导工作，合力推动企业技术标准实施评价体系的高效运转。

第三节　"三体系"的内涵

"三体系"是指基于"七步法"流程要求，通过构建技术标准实施体系、技术标准评价体系和技术标准实施保证体系，从而有序推进"七步法"规范实施。本章第四节将对"七步法"做详细介绍。

一、技术标准实施体系

技术标准实施体系是指在统一的技术标准体系下，在企业各层级单位有序开展的技术标准体系维护、标准辨识、宣贯培训、标准执行和监督检查工作，以便加强对技术标准实施过程的管控。

1. 系统化维护标准体系

标准体系建设的重要性在于解决整体协调发展的问题。当针对一个复杂系统，需要结构化设计且标准来源多样的时候，通过标准体系维护能够有效提高企业标准与国际标准（含国外先进标准）、国家标准、行业标准、团体标准的一致性程度，保障标准体系的科学性和先进性，保障标准高质量实施。

企业总部定期组织梳理企业标准、团体标准、行业标准、国家标准、国际标准（含国外先进标准），发布企业技术标准体系表及重要业务子体系表，建立统一的企业技术标准库，在企业内部自上而下推行。同时，依托技术标准管理系统、协同办公系统、电子邮件等途径，及时转发标准发布或废止信息至各业务管理部门、各基层单位，确保各层级单位所实施标准的有效性。

2. 体系化标准分级辨识

以企业技术标准体系表和技术标准库为基础，在统一的框架和标准库范畴内，按照"谁应用谁负责、管专业必须管标准、管标准必须管实施"的原则，各基层单位逐级开展标准辨识工作，明确职责范围内满足产品质量要求应实施的核心标准和参考标准，确保各项业务均有标可依、有标必依，建立各专业、各层级、各岗位、各产品适用的技术标准体系（清单）。各基层单位形成结构合理、规模适度、内容科学和实施有效的技术标准体系。在标准辨识的同时，应流程化对接日常工作，将技术标准明确到工作岗位，对接到工作流程和作业指导书，促进技术标准与企业实际业务工作深入结合。

3. 专业化标准宣贯培训

各基层单位作为标准实施主体，负有对本企业人员进行标准化宣贯和培训的职责。标准的宣贯和培训主要包括对本企业人员开展标准化基础知识和法律法规培训，以及对所贯彻实施的标准进行宣贯等。各基层单位、各专业部门依托网络大学、培训中心、新员工培训等形式，组织开展形式多样的宣贯和培训，不断提高企业员工的标准化意识，促进标准实施的规范性，必要时可组织编制标准化作业指导文件。

4. 同步化推进标准落地

推动技术标准实施评价工作融入专业管理，与专业工作同时计划、同时布置、同时实施、同时检查，确保技术标准精准、高效落地，真正支撑业务活动的开展。推动技术标准与日常业务工作精准对接。推进技术标准与现场运行规程、作业卡、试验报告、测试报告互相对应。通过执行记录、试验测试报告客观反映技术标准执行的精确度和准确性。同步对标准执行中发现的标准不适用、交叉矛盾、缺失等问题进行记录并反馈，为标准在今后的制修订及立项论证中提供重要参考依据。

5. 层级化上下结合监督评价

强调"管专业必须管标准、管标准必须管实施",各专业管理部门应将技术标准实施评价的监督检查融入日常质量监督、技术监督、安全检查等工作中,做实做细业务范围内技术标准实施评价的监督检查,以"硬性约束"确保标准"刚性执行"。实行层级化监督检查模式,由上级单位对所属下级单位技术标准实施评价工作的有效性进行监督检查。企业总部负责对一级单位的工作进行监督评价,并抽查其他层级单位的实施评价效果。

二、技术标准评价体系

技术标准评价体系包括结果评价和改进提升两个环节,通过"所有层级全覆盖、典型环节全覆盖、评价对象全覆盖、重要问题全覆盖"的评价方法开展结果评价,以评价促实施、以评价促改进;通过高效反馈促进评价结果的应用,实现标准的持续改进提升。

1. 标准化结果的评价与应用

充分结合标准实施的特点,按照实施层级、实施环节、实施项目、评价对象、关键问题统一设计技术标准实施评价体系,从领导重视程度,组织工作有效性,标准实施及时性、有效性、准确性、实效性,员工参与度,任务完成情况等维度出发,形成与标准实施流程相匹配的实施评价标准,客观评价标准实施工作成效,促进标准实施与标准评价的相互融合,切实解决标准实施环节的"短板"。技术标准的实施与评价关系见图4-2。

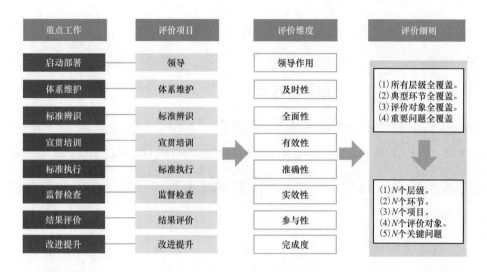

图 4-2 技术标准的实施与评价关系

按照"所有层级全覆盖、典型环节全覆盖、评价对象全覆盖、重要问题全覆盖"的原则，制定《技术标准实施评价细则》，明确 "N 个层级、N 个环节、N 个项目、N 个评价对象、N 个关键问题"的评价内容，建立清晰的评价方法。

2. 常态化问题的反馈与改进提升

标准是指导实践的统一规定，只有通过实施才能验证该规定是否科学合理。标准不但需要通过实施来验证其正确性，而且标准的改进和发展的动力也来自实施。建立常态化反馈机制，使各层级单位在技术标准实施过程中发现标准不适用、交叉矛盾以及标准缺失等问题时能够及时反馈并提出改进提升意见。一级企业负责组织对下属单位的反馈问题进行牵头评审，将有效建议及时反馈到企业总部。涉及的企业标准应适时纳入企业技术标准制修订计划，涉及的国家标准、行业标准、团体标准应及时反馈至相对应的标准化管理机构或组织，并作为相关标准制修订计划立项论证的参考依据。

三、技术标准实施保证体系

技术标准实施保证体系是指为了确保技术标准实施评价工作有序开展而构建的组织保障、机制保障和制度保障体系，可为技术标准实施评价提供组织、机制和制度"三位一体"全方位保障。

1. 组织架构

企业技术标准实施评价工作实行"统一领导、归口管理、专业负责、专家支撑"，在总部统一领导下，建立技术标准管理部门归口管理、各业务部门分工负责、专家团队有效支撑的技术标准实施评价工作组织且明确各自的职责分工，技术标准实施评价职责分工见图4-3。

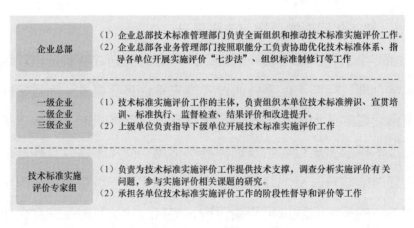

企业总部	（1）企业总部技术标准管理部门负责全面组织和推动技术标准实施评价工作。 （2）企业总部各业务管理部门按照职能分工负责协助优化技术标准体系、指导各单位开展实施评价"七步法"、组织标准制修订等工作
一级企业 二级企业 三级企业	（1）技术标准实施评价工作的主体，负责组织本单位技术标准辨识、宣贯培训、标准执行、监督检查、结果评价和改进提升。 （2）上级单位负责指导下级单位开展技术标准实施评价工作
技术标准实施 评价专家组	（1）负责为技术标准实施评价工作提供技术支撑，调查分析实施评价有关问题，参与实施评价相关课题的研究。 （2）承担各单位技术标准实施评价工作的阶段性督导和评价等工作

图4-3 技术标准实施评价职责分工

企业总部技术标准管理部门负责技术标准的归口管理，统一部署并全程监督技术标准实施评价工作；业务管理部门负责本业务领域技术标准实施评价工作的组织、监督和协调工作，协助优化企业技术标准体系，指导各基层单位落实实施评价"七步法"，组织标准的制修订等工作。

一级企业是企业技术标准实施评价工作的主体，二级企业、三级企业是具体实施单位。一级企业、二级企业、三级企业的技术标准管理部门负责本单位技术标准实施评价的组织、监督和协调。本单位业务管理部门负责组织本业务领域内实施评价工作的具体开展。上级单位同时对下级业务机构的技术标准实施评价工作进行指导和监督。

企业总部和一级企业应成立技术标准实施评价专家组，作为支撑技术标准实施评价工作的专家团队，为技术标准实施评价工作中遇到的问题提供技术支持，并承担本单位及所属下级单位的监督检查相关技术支持工作。

2．机制建设

技术标准体系化实施评价工作是一项复杂且专业性较强的系统性工作，涉及生产经营管理的各个方面，需要各部门、各基层单位的紧密配合，并要求建立高效协同的工作机制，具体内容如下。

（1）联络协调机制。按照"横向到边、纵向到底"的建设原则，建立横向全面覆盖各专业、纵向全面贯穿各层级的工作联络机制。可横向建立片区负责人制度，将二级企业及三级企业划分为若干个片区，由一级企业甄选片区负责人专人专责所辖片区的横向管理，二级企业和三级企业定期向对口片区负责人汇报本单位标准工作情况、存在问题和解决方案。纵向全面贯穿各个专业，按照专业分工建立专业联络员制度，专业联络员主要负责本专业的日常联络、沟通协调工作，从一级企业、二级企业到三级企业，自上而下实现工作要求的层层落实及专业指导，自下而上建立层层汇报、逐级反馈的专业联络工作机制。

（2）监督督导机制。建立月度例会、季度座谈会等例会制度，及时掌握进度，全程跟踪、检查、督促、指导各基层单位工作的有序开展；通过月度通报制度，及时掌握各基层单位实施评价工作的进展，推广优秀典型做法。依托片区负责人开展片区整体工作督导，确保各基层单位责任落实到位，同时提供技术标准实施评价技术支撑，做好日常统计分析及反馈汇总工作。

（3）考核激励机制。根据《技术标准实施评价细则》要求，不断加强标准实施过程中的监督检查，工作完成后有评比和考核，发现问题后有改进和反馈，形成管理闭环。通过评选先进单位、标杆班组和优秀个人等激励机制，鼓励先进、鞭策后进，最大限度地调动职工积极性，不断激励职工全员参与，有效推动工作进程。

3. 制度保证

建立完善的技术标准实施评价管理制度，明确技术标准实施评价工作管理的组织体系、实施流程、工作重点和评价方法等内容，确保技术标准实施评价工作有据可依、有章可循，推进技术标准实施评价工作常态化、规范化、制度化开展。

第四节　"七步法"的内涵

技术标准实施评价"七步法"见图 4-4，由体系维护、标准辨识、宣贯培训、标准执行、监督检查、结果评价、改进提升七步构成，七步之间互为依托、互为补充，是技术标准体系化实施评价的"灵魂中心"。

图 4-4　技术标准实施评价"七步法"

（1）第一步：体系维护。标准体系的维护是标准实施评价工作流程的起点，其根本目的是确保现行标准体系的有效性，为未来标准的辨识和执行奠定基础。只有现行有效的标准才具备被"辨识"

的资格。

各基层单位技术标准管理部门在收到发布/废止技术标准的通知文件后，在规定的期限内转至相关业务管理部门、单位；各基层单位业务管理部门在收到新发布/废止技术标准的通知文件后，在规定的期限内将新发布标准纳入本部门业务管理范围内应执行的技术标准清单，将废止标准剔除，并通知到相应执行部门/单位。

（2）第二步：标准辨识。标准辨识即选用标准的过程，是实施标准的首个关键环节，同时也是评估标准适用性的过程。标准的选用由标准使用者根据业务需求或产品生产要求选用适用的标准，通过评估标准的适用性和有效性，杜绝标准的误使用、过使用和欠使用。必要时编制标准化作业指导文件，推进技术标准与工作流程、作业指导书的精准对接。对于需要选用大量标准的业务或产品而言，选用的标准要实事求是、适量适度，即在满足研发、生产、试验等需要的前提下，尽量减少标准数量，以核心标准为主，适度控制对超出范围的标准的选用。

（3）第三步：宣贯培训。各基层单位通过多种途径、形式和方法深入开展标准宣贯和知识培训，加强员工对核心标准、重要领域技术标准的掌握程度，使企业员工了解和熟悉标准的内涵、原理、方法和目的。各基层单位建立常态化技术标准宣贯和培训机制，运用线上、线下多种方式组织开展重要领域技术标准、核心标准的宣贯以及标准化基础知识、实施评价等培训工作，培育全员标准化意识，促进各级人员的业务技能得到提升，促使员工熟知工作范围内应执行的技术标准，将技术标准落实到业务实际中。标准宣贯同样要实事求是、适量适度，不是所有标准都需要集中宣贯的。

（4）第四步：标准执行。标准在技术及管理层面上为法律法规提供支持。标准一旦被法律法规引用并成为其组成部分，就必须严格执行。各基层单位标准使用者在技术标准执行过程中，对于法律法规涉及人身安全、卫生、环保、保密等方面的内容须严格执行。标准执行的过程中应注重做好技术标准执行记录，对于技术标准执行过程中的标准不适用、标准交叉矛盾和标准缺失等问题，应及时记录，本单位业务管理部门和技术标准管理部门负责对标准问题进行整理、汇总、评审，并逐级向上反馈。

（5）第五步：监督检查。各基层单位业务管理部门结合日常业务管理工作，以发现标准执行中的问题为重点，对本部门业务范围内应执行技术标准的执行情况进行监督检查；对执行过程中发现的违反和不符合标准的问题进行记录。上级单位做好对下级单位的督查督导工作，不定期开展实施评价检查。

（6）第六步：结果评价。各基层单位根据《技术标准实施评价细则》进行技术标准实施的自评价，对技术标准实施情况和实施成效进行定性与定量相结合的整体评价，剖析存在问题，评估整改情况，形成系统评价结果。

（7）第七步：改进提升。针对标准执行过程及监督检查中发现的标准不适用、标准交叉矛盾、标准缺失等问题，各基层单位通过反馈机制及时自下而上反馈，将标准实施反馈意见、监督检查结果与标准制修订工作有机结合，促进标准质量的改进提升。

第五章

企业技术标准体系化实施评价方法

本章在第四章技术标准体系化实施评价模式的基础上，提出推进基于过程管控的技术标准体系化实施评价的具体方法，研究制定一套相对成熟的组织体系、工作机制、基本流程和评价标准，形成可复制、可推广的通用化流程和通用化做法。

第一节　统一的技术标准体系的实施方法

实施统一的技术标准体系主要是在技术标准实施评价过程中，以有效实施企业统一的技术标准体系为主线开展的体系维护、标准辨识等一系列工作，通过统一技术标准体系的层次机构、专业分类和标准明细，确保各层级技术标准应用过程中标准使用的规范性、一致性。

在企业技术标准体系建立时，首先应参考国家和行业关于企业标准体系编制的有关标准，如 GB/T 15496—2017《企业标准体系要求》、GB/T 13016—2018《标准体系构建原则和要求》、GB/T 13017—2018《企业标准体系编制指南》等。GB/T 13017—2018《企业标准体系编制指南》对功能模式、集成模式、板块模式等不同发展阶段和资源基础的企业建立何种类型的标准体系做出了具体说明。不同规模和不同类型的企业可结合 GB/T 13017—2018《企业标准体系编制指南》确立自身的企业标准体系结构图。

其次，企业技术标准体系的建立应遵循系统性、全面性的原则。凡是企业生产经营所需要的技术要求（或规范）都应纳入企业技术标准体系，包括国家标准、行业标准、团体标准等，对于强制性标准应 100% 纳入并强制执行，体系中其他标准的执行先后顺序可根据企业实际需要和紧急程度逐步实施。根据技术标准重要性、使用频度及与企业核心业务紧密程度，可分为核心标准和参考标准两类。

再次，在建立专业标准子体系时应注意保持与总体系结构层次一致，各子体系结构层次基本相同，不同子体系间应有效衔接，标准可适当交叉、重复。企业技术标准总体系和子体系均可采用层次结构法，第一层为技术基础标准，其覆盖面是企业生产运营过程中所有综合性的基础性标准，如标准化工作导则、量和单位、通用语言类标准等；第二层是生产运营过程中的技术标准，主要包括生产流程或产品生产模块中使用的技术标准，以及能源、安全、职业健康、环境、信息等技术标准。

第二节　统一的工作推进路径的实施方法

实施统一的工作推进路径主要是统一各层级的工作目标、

工作方案和推进小组。通过统一工作目标，全体成员建立共同的行动方向，是统一工作方案和统一推进小组建立实施的客观基础；统一工作方案能够简化工作程序，提高有序化和通用化程度，有利于各层级执行明确的工作路径；统一推进小组、建立组织团队是达成统一工作目标的必要手段，确保了各项工作落到实处，促进企业内部组织的横向协同和纵向监督。

一、统一工作目标

技术标准实施评价工作涉及范围广、层级多、流程长，是一项长期、复杂的管理创新工作。技术标准实施评价工作可分为试点实施、全面实施、深化实施、常态化运转 4 个时期，每个时期应结合总体工作目标做出统一部署。企业技术标准实施评价工作可设立短期目标和中长期目标。

短期内，可利用 1～2 年的时间完成企业总体技术标准实施评价工作组织体系的构建，初步形成各专业、各层级协同推进的工作机制。完成技术标准与业务流程、岗位的对接，开展监督检查及自评价，初步建立技术标准实施评价建议反馈渠道，并将技术标准实施评价纳入绩效考核体系。

未来，可形成技术标准实施评价常态化工作机制，持续优化工作流程。实现技术标准与业务流程、岗位的精准对接和有效执行，按年度开展技术标准实施的自评价和专项监督检查，建立快捷高效的技术标准实施评价建议反馈渠道，不断提升技术标准的适用性和精准度。

二、统一工作方案

企业总部牵头发布统一的工作方案，坚持任务统一部署、力量统筹调配、工作一体推进，有力有序开展各项工作，使上下级单位、各业务管理部门之间形成合力，确保各项目标任务圆满完成。由企业总部发布总体实施方案，各基层单位结合自身实际发布本单位实施方案，明确工作目标、工作任务、责任分工，确立工作进度和工作成果。在方案中应明确领导作用，充分发挥领导在启动部署、实施过程、评价环节的有效参与和协调推进作用，推动企业全员从全局和战略高度认识技术标准实施评价的重要性和必要性。

三、统一工作推进小组

为促进技术标准实施评价工作有序开展，各层级成立技术标准实施评价领导小组和工作小组。领导小组一般由各层级企业负责人担任组长，各部门负责人担任组员，全面落实、协调解决技术标准实施评价各项工作；工作小组一般由技术标准管理部门负责人担任组长，各部门有关负责人担任组员，负责组织推进技术标准实施评价各项工作。领导小组和工作小组定期召开工作例会，落实标准辨识、标准执行、监督检查等环节各项工作，推动技术标准与专业管理工作的深度融合，将"管专业必须管标准、管标准必须管实施"落到实处。

第三节　技术标准实施保证体系的建立方法

技术标准实施保证体系建设的主要任务是组织建设、机制建设和制度建设。组织建设涉及企业总部、一级企业、二级企业、三级企业等多个层级；机制建设主要涉及协调机制建设、督导机制建设、激励机制建设三个方面；制度建设主要包括配套组织建设、机制建设而固化的组织设置、职责分工、工作机制和工作流程，并最终形成制度性文件。

一、组织建设

技术标准实施组织建设可分为决策管理层、指导实施层、专业支撑层和执行实施层 4 个角色，技术标准实施评价工作组织体系基本架构见图 5-1。决策管理层由技术标准实施评价领导小组和工作小组构成，领导小组负责决策重大事项、审议发布体系文件，工作小组负责组织开展具体事项；指导实施层由技术标准管理部门和业务管理部门构成，主要结合具体工作开展标准体系更新，组织开展本部门范围内的标准辨识以及根据"谁应用谁负责、管专业必须管标准、管标准必须管实施"的原则从上到下推进相关工作；专业支撑层指的是技术标准专业工作组和技术标准实施评价专家组作为技术支撑团队集中解决专业技术问题并进行相关工作；执行实施层指的是技术标准实施评价的主体，具体负责组织开展实施评价各环节的工作。

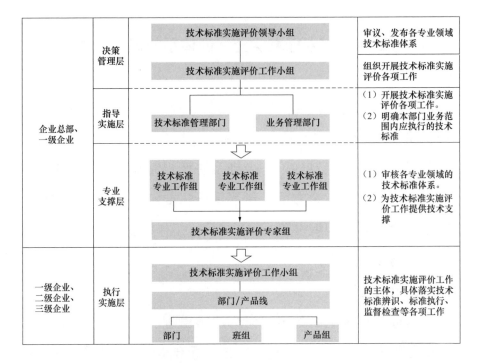

企业总部、一级企业	决策管理层	技术标准实施评价领导小组	审议、发布各专业领域技术标准体系
		技术标准实施评价工作小组	组织开展技术标准实施评价各项工作
	指导实施层	技术标准管理部门 业务管理部门	(1)开展技术标准实施评价各项工作。(2)明确本部门业务范围内应执行的技术标准
	专业支撑层	技术标准专业工作组 技术标准专业工作组 技术标准专业工作组 技术标准实施评价专家组	(1)审核各专业领域的技术标准体系。(2)为技术标准实施评价工作提供技术支撑
一级企业、二级企业、三级企业	执行实施层	技术标准实施评价工作小组 部门/产品线 部门 班组 产品组	技术标准实施评价工作的主体,具体落实技术标准辨识、标准执行、监督检查等各项工作

图 5-1　技术标准实施评价工作组织体系基本架构

1. 企业总部层面

企业总部技术标准管理部门总体负责全面组织和整体推动企业技术标准实施评价工作,具体包括负责制定企业技术标准实施评价工作方案、工作计划和评价细则;指导和监督各基层单位开展技术标准实施评价工作,总结评估各基层单位工作成效;组织开展企业技术标准实施评价典型经验的总结提炼和推广应用;协调解决企业技术标准实施评价工作中的其他有关问题。

企业总部各业务管理部门按照职能分工,依据企业技术标准管理相关规定,协助技术标准管理部门优化企业技术标准体系；负责明确本部门业务范围内应执行的技术标准，指导各基层单位开展相关业务的体系维护、标准辨识、宣贯培训、标准执行、监督检查、结果评价和改进提升，协调解决技术标准实施评价过程中的问题，组织开展缺失或不适用企业标准的制修订工作。

企业总部组织成立技术标准专业工作组，由技术标准管理部门牵头组织，各业务管理部门按照专业分工组建。技术标准专业工作组负责做好标准体系维护、标准制修订等的支撑工作，参与技术标准实施评价问题评审，提出有效建议，及时开展监督检查和验收，认真总结评估年度工作成效。以技术标准专业工作组专家为主，企业总部可以组建技术标准实施评价专家组作为支撑技术标准实施评价工作的专家团队，负责调查分析技术标准实施评价相关问题，开展技术标准实施评价相关课题研究，承担对各基层单位实施评价工作的阶段性督导和评价等工作。

2. 一级企业及下属单位层面

企业总部所属各基层单位是企业技术标准实施评价工作的主体，负责组织本单位体系维护、标准辨识、宣贯培训、标准执行、监督检查、结果评价和改进提升；上级单位负责指导、监督下级单位的技术标准实施评价工作。

各基层单位技术标准管理部门负责全面组织和推动技术标准实施评价工作，负责制定企业技术标准实施评价工作方案、工作计划；牵头组织建立、完善本单位技术标准体系（清单），组织各业务部门开展技术标准执行、改进提升等工作；指导和监督各基层单位开展技术标准实施评价工作，总结评估各基层单位工作成效；组织开展本单位技术标准实施评价典型经验的总结提炼和推广应用；协调解决工作过程中的其他问题。

各基层单位业务管理部门负责组织开展实施评价专项工作；负责协助技术标准管理部门优化企业技术标准体系，明确本部门业务范围内应执行的技术标准，组织开展标准辨识、宣贯培训、标准执行、监督检查、结果评价和改进提升工作，解决技术标准实施评价过程中存在的有关问题。

一级企业可参照企业总部成立技术标准实施评价专家组。结合本单位员工的专业特点和优势领域，以各部门、各基层单位技术骨干、标准专家为核心力量组建专家支撑团队，承担各基层单位的现场验收评价工作，调查分析本单位技术标准实施评价有关问题，全面支撑本单位及下级单位的技术标准实施评价体系的运转。

二、机制建设

1. 联络协调机制

建立联络员制度：为保证技术标准实施评价工作的顺利开展和有效沟通，各层级单位基于技术标准实施评价工作组构成，建立技术标准实施评价联系员名单，提高沟通效率和效果。

建立月度通报制度：各基层单位内部统一制定月报模板，上报工作进展落实情况，有效督促各部门、各下属单位开展技术标准实施评价工作；根据各部门及各基层单位上报信息，宣传推广优秀做法，通报工作滞后单位，有效督促其按计划、高质量开展技术标准实施评价工作。

建立工作例会制度：各基层单位按季度组织技术标准工作组召开技术标准工作例会，协调解决技术标准辨识、执行、反馈等工作中遇到的问题。

建立重大紧急问题即时上报机制：对技术标准实施评价工作推进过程中遇到的重大或紧急问题实行即时上报，明确上报对象和上报渠道，加快重大或紧急问题的解决速度。

2. 督查督导机制

实施定期工作督导机制：企业总部在中期、终期分别组织对各基层单位报送的技术标准实施评价工作的相关材料进行审查，通过审查的由总部组织评价专家组进行现场评价验收；一级企业在本单位技术标准管理部门统一组织下，每季度至少督查一个基层单位，检查指导工作开展情况，协调解决遇到的重大问题，确保技术标准实施评价工作落到实处。

建立专人片区负责机制：一级企业由专人负责片区整体工作督导，重点做好技术标准实施评价技术支撑、做好下属单位联络员宣贯培训、解决评价过程出现的问题、做好日常统计分析和反馈汇总工作；各二级企业、三级企业与上级片区督导员开展对口沟通，做好本单位技术标准实施评价工作，接受片区督导员的业务指导和技术支撑，做好日常数据报表的上报工作。

3．考核激励机制

建立通报考核机制：企业总部及一级企业根据下属单位工作进度和工作成效，定期对下属单位技术标准实施评价工作进行通报，各基层单位各阶段的技术标准实施评价效果将被纳入业绩考核之中。

三、制度建设

企业总部制定发布相关管理办法，明确技术标准管理工作的组织机构和职责分工，固化技术标准管理流程，强化技术标准实施全过程的管理和考核评价；明确管理技术标准实施评价工作的组织形式、关键环节、工作重点等内容，保障技术标准实施评价工作常态化、规范化开展，为各基层单位有序开展技术标准实施评价工作提供机制参考；对专业工作组的筹备、运作等作出规定，明确工作组考核评价内容，充分发挥其在技术标准管理及实施评价工作中的作用。

第四节　技术标准实施体系的建立方法

一级企业及下属单位技术标准实施评价体系包括体系维护、标准辨识、宣贯培训、标准执行、监督检查 5 个环节，以企业总部发布的技术标准体系表为基础，有序进行标准辨识，组织开展宣贯培训，推进对标准执行和监督情况的检查工作。

一、体系维护

1．体系维护方式

体系维护的目的是确保在生产服务过程中真正实施的标准是

现行有效的，因而对标准体系更新信息发布的及时性、准确性要求更高，一般可采取以下 4 种方式实施体系维护工作：

（1）由企业总部及一级单位自行定期组织开展企业标准复审，通过对已经发布实施一定时期的现有标准内容进行审查，得出标准是否继续有效、是否需要修订或废止的结论。

（2）企业总部根据技术发展变化委托外部机构不定期开展企业标准有效性审查，得出标准是否继续有效、是否需要修订或废止的结论。

（3）持续跟踪新发布/废止的国际标准、国家标准、行业标准、团体标准等公示信息，获取最新发布或废止的标准信息。

（4）企业标准已经制定、修订或废止的，由技术标准管理部门和业务管理部门在企业内部管理平台上发布相关信息进行通知。

2. 体系维护结果

体系维护的结果通常有三种：

（1）需要将新制定、发布的标准纳入体系。

（2）用新修订的标准替换原标准并纳入体系。

（3）将原标准废止，退出体系。体系维护后必须尽快将替代/废止标准及时退出体系，将新标准及时纳入体系，从而确保企业技术标准体系始终处于有效适用状态。

3. 体系维护过程

对于更新后的体系或标准，企业总部及时发布最新的技术标准体系表及新发布/废止技术标准的通知文件。一级企业技术标准管理部门在收到相关通知后，在规定的期限内应及时转至相关业务管理部门、各基层单位，各部门、各基层单位及时通知到相应执行部门、班组或产品线，将新发布标准纳入应执行的技术标准体系并将废止标准及时剔除，标准体系维护过程见图 5-2。必要时各基层单位可通过建立健全标准更新信息传递和体系维护机制，明确体系维护要求，确保体系维护工作到位。一级企业自我发布的企业标准，也应即时被纳入本单位技术标准体系。

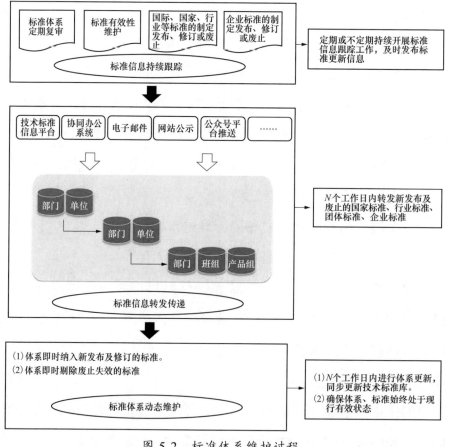

图 5-2 标准体系维护过程

二、标准辨识

根据企业业务特点，本书将企业进一步区分为应用型企业和产品型企业两种类型，不同类型企业的标准辨识过程略有差别。应用型企业以实施单位的"业务流程线"或"经营过程条线"为主线，以岗位、班组、部门为基本单元开展标准辨识；产品型企业则以实施单位的"产品研发线"或"产品生产线"为主线，以产品、产品系列、产品线为单元进行标准辨识。在辨识过程中，应用型企业主要围绕专业要求、岗位职责和业务需要辨识选用标准，形成以岗位为基本单元的岗位标准清单；产品型企业更重视标准如何能够有效保证产品满足合同、安全、质量等方面要求，形成以产品（线）为基本单元的产品标准清单。

1."自上而下"与"自下而上"同步的标准辨识方法

"自上而下"指的是按照一级企业、二级企业、三级企业的顺序逐级辨识。"自下而上"是指按照岗位、班组、部门、企业顺序有序开展辨识。"自上而下"与"自下而上"两者相互补充，确保标准辨识工作全面、准确，主要适用于以形成岗位标准清单为最基本单元的应用型企业。"自上而下"与"自下而上"相结合的标准辨识方法见图5-3。

在体系得到有效维护的前提下，依据企业技术标准体系表和相关专业技术标准子体系表，各基层单位以专业、岗位为主线，通过"自下而上"与"自上而下"相配合、各专业管理部门与各基层单位同步的方式，协同推进标准辨识工作，围绕各自业务领域精确辨

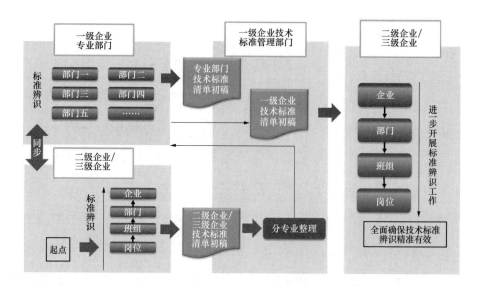

图 5-3 "自上而下"与"自下而上"相结合的标准辨识方法

识各部门、各班组、各岗位应执行的技术标准。各基层单位以岗位标准辨识为起点，逐级辨识适用标准；上级单位各专业部门同步开展专业标准辨识工作，确保技术标准辨识精准有效。

在标准的辨识中，要求岗位标准辨识落到实处，全面覆盖各层级所有岗位，根据岗位设置逐一辨识，确保岗位无遗漏、应执行的标准无缺失。在辨识工作中，依据"能用、够用、适用、实用"的原则，将与岗位业务工作技术事项密切相关的国际标准、国家标准、行业标准、团体标准、企业标准纳入核心标准序列，将不是密切相关的但仍然需要的标准纳入参考标准序列，有效避免标准辨识中存在的求全求多现象。

在标准的辨识中，各基层单位根据主营业务范围，以班组为基本单元，以岗位为纽带建立技术标准、作业指导书与工作流程

对接，可根据需要组织编制本部门业务管理范围内必要的标准化
作业指导文件并将其及时更新在班组业务/作业中，有效执行应执
行的技术标准，核查标准执行的准确性、有效性，有力减少标准
执行偏差。技术标准对接日常工作流程见图 5-4。

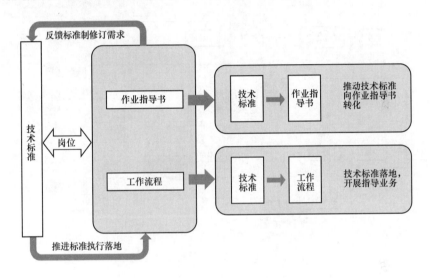

图 5-4　技术标准对接日常工作流程

2. "二上二下"的标准辨识方法

"二上二下"的标准辨识方法主要是与企业质量管理体系相结
合，充分发挥企业质量管理部门的质量监督作用，通过与生产部门
的协同运作，确保技术要求符合生产服务质量要求。"二上二下"
的标准辨识方法主要适用于产品型生产企业，辨识标准最终应用于
产品生产。"二上二下"标准辨识方法见图 5-5。

在体系得到有效维护的前提下，在产品线技术领域，各二级企
业以产品线为单元，各产品项目组/业务组对各产品线现有标准体

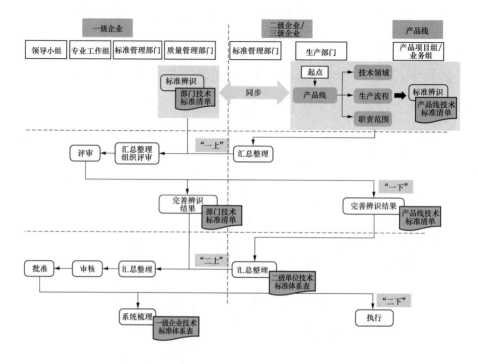

图 5-5　"二上二下"标准辨识方法

系进行分析和分解，梳理、识别、确定其产品线职责范围内在产品研发、生产制造、检验检测、出厂等业务流程中应实施的技术标准，根据"产品板块—产品线—子产品线—产品系列—产品"的层次关系逐一对照辨识技术标准，形成各产品线技术标准体系清单初稿。二级企业各部门以产品线为单元，辨识其职责范围内应实施的技术标准，形成本部门技术标准体系清单初稿。各二级企业技术标准管理部门负责整理汇总，形成产品线技术标准体系清单，提交本单位技术标准实施评价工作组初审，统一报一级企业技术标准管理部门（"一上"）。某产品线技术标准清单（模板）见表 5-1。

表 5-1　　　　　　　　某产品线技术标准清单（模板）

产品板块	产品线	子产品线	产品系列	产品	技术标准编号	技术标准名称	标准类别	发布日期	实施日期	部门	产品项目组/业务部
板块1	产品线1										
板块2	产品线2										

注　标准类别包括国际标准、国家标准、行业标准、团体标准、企业标准等。

　　一级企业技术标准管理部门组织技术标准专业工作组，按照产品线对二级企业提交的产品线技术标准清单开展评审，审核标准辨识的完整性、有效性和适用性，包括标准是否存在遗漏、辨识标准是否现行有效、标准是否与业务适用、标准与产品环节的对接是否准确等内容。二级企业各产品线和部门根据评审结果进行修改、补充与调整（"一下"），进一步明确产品项目组/业务部和部门在产品线各环节适用的技术标准，建立更加精准高效的产品线技术标准清单，确保横向专业对接无死角、纵向流程管控一条线。二级企业汇总、调整、评审各产品线技术标准清单，形成二级单位技术标准体系表；二级企业产品线技术标准清单和本单位技术标准体系表报本单位技术标准实施评价领导小组、一级企业专业工作组审核（"二上"），审核通过批准后发布（"二下"），各二级单位遵照执行。一级企业综合各二级企业技术标准体系，经各专业工作组审查参与、技术标准管理部门汇总梳理，形成本单位技术标准体系。

三、宣贯培训

标准使用单位作为标准实施主体，负责组织开展标准宣贯和知识培训工作。各基层单位可结合本单位的宣贯和培训业务，固化形成常态化技术标准宣贯培训机制，采用视频教学、网络大学、空中课堂、专题学习等多种手段对技术标准专兼职人员和各专业业务人员在新标准发布、核心标准培训中开展技术标准宣贯学习，使新发布标准、应执行标准在本单位得到及时宣贯；可采用竞赛、岗位技术培训、岗位技能考试、班组晨会、现场微课堂等集中或自学形式，定期开展班组技能培训，以现场作业为核心，对适用的技术标准与作业指导书进行宣贯和培训，提升班组成员的业务技能，促进适用的技术标准、作业指导书与专业工作的融合。

四、标准执行

1. 应用型企业

加强技术标准执行环节的末端融合，明确各专业、各岗位具体工作中应执行的技术标准，促进技术标准与业务流程、岗位精准对接和有效执行，强化技术标准在企业各部门、各班组、各岗位工作中的有效实施；全面推行标准化作业指导书（卡）在工作现场的实际应用，使所有工作现场都能严格按要求执行；以岗位自查形式进行岗位应直接执行技术标准的有效性检查，形成"岗位应直接执行技术标准是否有效执行证明材料"和"岗位应直接执行技术标准监督检查表"，发现标准在执行过程中的不适用、交叉矛盾、缺失等问题，形成过程有记录、执行有效果、内容持续改进的良性循环。标准执行岗位自查内容见图 5-6。

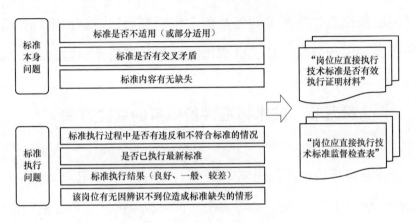

图 5-6　标准执行岗位自查内容

2. 产品型企业

各基层单位、各层级深入开展覆盖各基层单位全部产品线的技术标准实施评价工作，在产品的研发、生产、检测、出厂等阶段，根据产品（线）对应的技术标准清单，有效执行技术标准，做好技术标准执行过程记录，包括产品检查记录、测试记录、试验记录等，并对执行过程中发现的标准不适用、交叉矛盾、缺失等问题进行记录，逐级反馈。

五、监督检查

强化专业纵深管理，夯实专业监督基础，推动技术标准实施监督与专业管理深度融合。在质量检查、安全检查、技术监督和试验检测等日常业务管理工作中，检查技术标准执行应用情况，检查是否存在应用技术标准不到位、应用技术标准存在错误等行为，同步将技术标准的有关要求一一落实。对标准辨识未深入班组、技术标准更新不及时、标准执行不到位等问题要求相关单位进行整改。定期开展监督检查，按季度对各基层单位标准辨识、宣贯培训、应用执行等情况进行监督检查，提出检查意见，形成闭环管理。

第五节 技术标准评价体系的建立方法

技术标准评价体系包含结果评价、改进提升两个环节。这里从评价维度、评价内容、评价方法等方面对评价体系的建立方法进行论述。

一、技术标准评价体系内容

按照"N 个层级、N 个环节、N 个项目、N 个评价对象、N 个关键问题"设计技术标准评价体系结构（见图 5-7），细化评价内容、明确评价方法和证明材料，确保各基层单位技术标准实施评价工作的目标一致、内容一致，为严格考核提供基础保障。

1. 评价内容

技术标准实施评价体系围绕技术标准实施过程中的领导作用、体系维护、标准辨识、宣贯培训、标准执行、监督检查、结果评价和改进提升 8 个项目，分析并梳理出标准实施的 N 个关键问题，细化评价内容，并将其作为技术标准实施评价的依据。

领导作用：各基层单位主要负责人在技术标准实施启动部署中发挥领导作用，组织召开动员会，合理配置资源，安排技术标准实施评价工作，下发文件，明确职责分工及进度安排，组织建立常态化工作机制等。

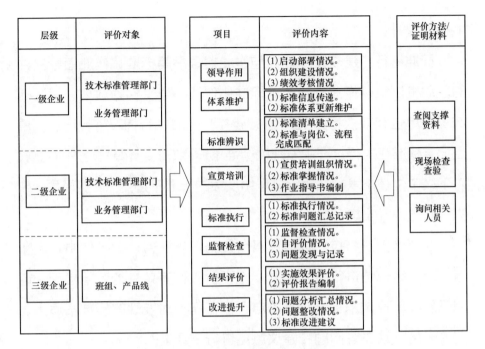

图 5-7 技术标准评价体系结构

体系维护：及时跟踪、传递新发布/废止的企业标准通知文件和国家、行业、团体标准公示信息，及时将替代/废止标准及时退出体系，确保本单位的技术标准清单及时得到更新维护。

标准辨识：以专业、岗位或产品线、产品为主线，各专业管理部门与各基层单位同步推进标准辨识工作，聚焦业务范围，精确辨识各部门、各班组、各岗位、各产品线应执行的技术标准，确保技术标准辨识精准有效，实现技术标准全面覆盖、与业务流程精准对接。

宣贯培训：建立常态化宣贯机制，组织开展多形式、多层次、多专业的技术标准宣贯培训，培育全员标准化意识，确保相关人员熟知并掌握业务范围内应执行的技术标准，促进各级人员的业务技能得到提升。

标准执行：建立技术标准与作业指导书等标准化作业指导文件的联动机制，以作业指导书等标准化作业指导文件为载体，保证标准执行单位有效执行各类适用标准并对标准执行情况进行记录，重点记录标准在执行过程中发现的标准不适用、交叉矛盾、缺失等问题；对下级单位在技术标准执行过程中反馈的标准不适用、交叉矛盾、缺失等问题进行收集汇总。

监督检查：将技术标准监督衔接到日常业务管理工作中，定期组织对下级单位进行技术标准实施评价工作有效性的监督检查，定期开展本单位技术标准实施的自评价工作，对发现的标准不适用、交叉矛盾、缺失等问题和建议意见进行记录。

结果评价：依据《技术标准实施评价细则》对本单位和各部门技术标准体系实施情况进行评价，形成评价结果和评价报告。

改进提升：建立技术标准实施评价反馈机制，对标准辨识、宣贯培训、标准执行、监督检查过程中发现的标准不适用、交叉矛盾、缺失等问题进行汇总、统计、分析，提出标准修订、废止、补充立项等建议；组织开展问题整改，形成整改报告。

2. 评价对象

企业技术标准实施评价体系自上而下分为企业总部、一级企业、二级企业、三级企业 4 个层级，根据各个评价对象在技术标准实施 7 个环节中的职责要求和工作任务，评价其在技术标准实施工作中的执行情况和执行成效。

在领导作用项目上，以各基层单位主要负责人为评价对象，评价其在技术标准实施启动部署环节中，进行动员组织、资源配置、职责分工、建立工作机制等方面发挥的领导作用。

在体系维护项目上，以各基层单位技术标准管理部门、业务管理部门为评价对象，评价其标准更新转发工作的有效性和及时性，确保标准体系维护到位。

在标准辨识项目上，以各基层单位技术标准管理部门、业务管理部门和中心、班组、产品线为评价对象，评价其在标准辨识工作中，标准是否全面覆盖、标准与业务项目是否精准对接等成效。

在宣贯培训项目上，以各基层单位技术标准管理部门、业务管理部门和中心、班组、产品线为评价对象，评价其在标准宣贯培训环节中，组织开展技术标准宣贯，促进相关人员掌握技术标准，编制标准化作业指导文件，保证技术标准与业务活动精准对接等标准宣贯培训成效。

在标准执行项目上，以各基层单位技术标准管理部门、业务管理部门和中心、班组、产品线为评价对象，评价其在技术标准执行环节中，促进技术标准有效执行，并记录、反馈、处理技术标准执行过程中发现的问题等工作成效。

在监督检查项目上，以各基层单位技术标准管理部门、业务管理部门和中心、班组、产品线为评价对象，评价其在监督检查环节汇总、组织监督检查、自评价、记录问题等标准监督检查成效。

在结果评价项目上，以一级企业和二级企业技术标准管理部门、业务管理部门为评价对象，评价其在结果评价环节中，是否组织开展技术标准实施效果自评价，形成自评价报告，实现结果评价成效。

在改进提升项目上，以各基层单位技术标准管理部门、业务管理部门和中心、班组、产品线为评价对象，评价其在改进提升环节中，促进发现技术标准实施过程中的问题及完成问题整改等改进提升成效。

3. 评价方法

针对实施评价中 N 个关键问题，设计相应的评价方法和证明材料，主要包括过程检查和结果检查。在过程检查中，评价人员针对每一项检查内容，按细则要求现场抽取一定数量的过程文件，检查每一个关键控制点的证明材料是否齐全、准确，评估该检查环节是否得到完整、准确、一贯执行，询问相关人员对该环节的掌握与实际执行情况；在结果评价中，评价人员针对每一项检查内容，核查成果文件的完整性与准确性，做好评价过程记录，得出评价结果。

企业《技术标准实施评价细则》是各基层单位定期监督评价与自评价工作的依据，评价人员应按照其要求，对评价对象进行逐项检查，查阅相关支撑证明材料，询问相关人员，形成专业工作监督检查记录，并严格跟踪整改情况，形成评价报告。

二、实施步骤

1. 结果评价

各基层单位根据《技术标准实施评价细则》开展技术标准实施

结果整体自评价，对技术标准实施情况进行整体评价，形成体系评价结果，作为各基层单位、各部门业绩考核的依据。企业总部对各一级企业及下属单位做技术标准实施评价工作成效总体评价，评价成果纳入绩效考核。一级企业按照国家和行业标准化工作相关要求统一组织，优选部分二级企业、三级企业，组织开展标准化良好行为企业创建工作，深化技术标准实施评价工作。

2．改进提升

一级企业及下属单位在技术标准实施过程中发现标准不适用、交叉矛盾以及标准缺失等问题，按照标准类别、问题性质形成本单位标准问题清单，通过技术标准管理线和专业部门管理线自下而上进行反馈，技术标准常态化反馈过程见图 5-8。一级企业技术标准管理部门负责汇总二级企业、三级企业反馈结果，并综合一级企业业务管理部门审核意见，确认有效意见，将其按季度反馈至企业总部技术标准管理部门。

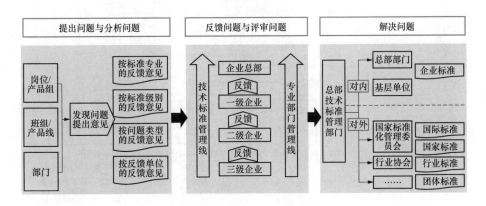

图 5-8　技术标准常态化反馈过程

　　企业总部在收到各基层单位、各部门反馈的标准问题后，由总部技术标准管理部门进行汇总，并组织总部技术标准专业工作组或技术标准专家组对标准问题进行审查，经专业工作组或专家组审查给出审查意见，对于有效问题和建议经充分论证、试验验证后进行处置，技术标准反馈问题解决过程见图 5-9。国家标准、行业标准和团体标准的有关意见应及时反馈至相关标准化技术组织或管理机构，并由其提出标准制修订建议；企业标准意见由技术标准专业工作组组织专家进一步论证，按照企业管理流程及时被纳入企业技术标准制修订计划。

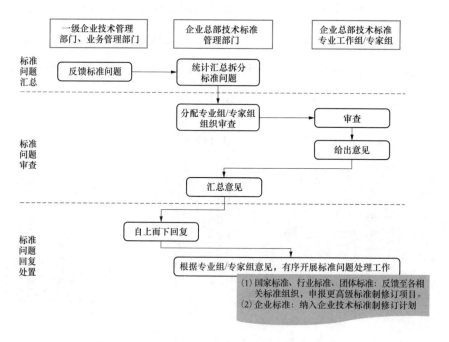

图 5-9　技术标准反馈问题解决过程

第六节　实施评价"七步法"的实施路径

技术标准体系维护、标准辨识、宣贯培训、标准执行、监督检查、结果评价和改进提升"七步法"作为一个整体环环相扣，既满足 PDCA 闭环管理要求，又具有明确清晰的逻辑关系。本节主要从流程和角色角度阐述如何一体化实施"七步法"。技术标准实施评价体系结构见图 5-10。

一、体系维护

企业总部技术标准管理部门组织业务管理部门根据专业领域开展标准有效性审查，对国际标准、国家标准、行业标准、团体标准和企业标准的新增、修订情况进行确认，将废止标准剔除，纳入需新增的标准，发布企业总的技术标准体系表，形成企业技术标准库。

一级企业技术标准管理部门和业务管理部门对新增标准和废止标准，通过标准转发机制及时将信息逐级传达到二级企业。各基层单位根据新发布/废止的国际标准、国家标准、行业标准、团体标准和企业标准信息及时更新本单位技术标准库。

二级企业技术标准管理部门和业务管理部门对新增标准和废止标准，通过标准转发机制及时将信息逐级传达到三级单位。各基层单位根据新发布/废止的国际标准、国家标准、行业标准、团体标准和企业标准信息及时更新本单位技术标准库。

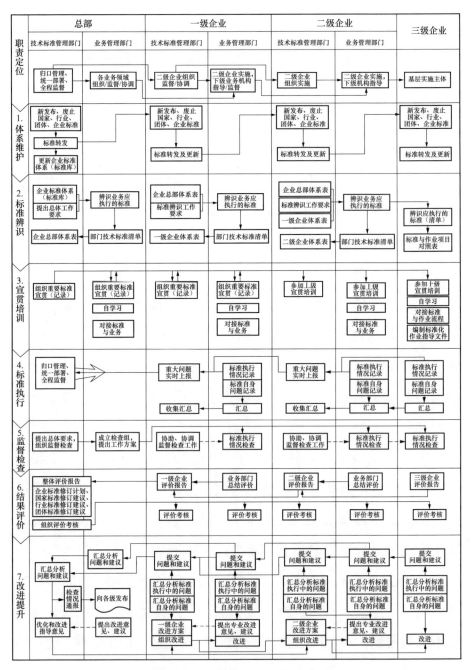

图 5-10 技术标准实施评价体系结构

三级企业技术标准管理部门和业务管理部门及时收纳新增标准，剔除废止标准，更新本单位技术标准库。

二、标准辨识

根据及时维护的企业技术标准体系（标准库），企业总部业务管理部门辨识并形成本业务领域内应执行的技术标准清单，建立企业总部技术标准体系表。

一级企业业务管理部门依据企业总部技术标准体系表和辨识工作要求，参考新发布/废止的国家标准、行业标准、团体标准和企业标准，开展本单位业务管理部门应执行的标准辨识工作，同时完成技术标准与业务的对接，形成各业务管理部门的技术标准清单，建立一级企业技术标准体系表。

二级企业业务管理部门依据一级企业和总部技术标准体系表，遵照技术标准辨识工作要求，参考新发布/废止的国家标准、行业标准、团体标准和企业标准，开展标准辨识工作，同时完成技术标准与业务的对接，形成本单位应执行的标准体系（清单）。

三级企业的班组、中心或产品线依据上级单位应执行的技术标准清单，辨识并形成本单位应执行的标准体系（清单），同时完成技术标准与业务的对接，形成标准与作业项目对照表。

三、宣贯培训

企业总部技术标准管理部门组织重要技术标准的宣贯和培训并做好记录。企业总部业务管理部门组织其业务范围内重要领域技术标准、核心标准的宣贯和培训并做好记录，并将以上信息反馈给企业总部技术标准管理部门。

一级企业技术标准管理部门组织重要技术标准的宣贯和培训并做好记录，并将以上信息反馈给总部技术标准管理部门。本单位业务管理部门组织其业务范围内重要领域技术标准、核心标准的宣贯并做好记录，组织技术标准的自学习，并将以上信息反馈给本单位技术标准管理部门。

二级企业技术标准管理部门参加上级单位组织的技术标准宣贯和培训。本单位业务管理部门参加上级组织的技术标准的宣贯和培训，组织开展技术标准的自学习。

三级企业参加上级单位组织的技术标准宣贯和培训，组织开展技术标准的自学习，并编制标准化作业指导文件，如作业指导书等。

四、标准执行

企业总部技术标准管理部门作为技术标准实施的归口管理部门，负责技术标准实施的统一部署，并全程监督技术标准实施。

一级企业业务管理部门对技术标准的执行情况进行记录，对标准执行中发现的标准自身问题进行记录，并将以上信息汇总后反馈至本单位技术标准管理部门。一级企业技术标准管理部门将业务管理部门反馈的标准执行情况和标准自身问题进行收集汇总，将发现的重大问题反馈给企业总部技术标准管理部门。

二级企业业务管理部门对技术标准的执行情况进行记录，对标准执行中发现的标准自身问题进行记录，并将以上信息汇总后反馈至本单位技术标准管理部门。二级企业技术标准管理部门将业务管理部门反馈的标准执行情况和标准自身问题进行汇总，将发现的重大问题反馈给上级单位技术标准管理部门。

三级企业业务管理部门对技术标准的执行情况进行记录，对标准执行中发现的标准自身问题进行记录，并将以上信息汇总后反馈至本单位技术标准管理部门。三级企业技术标准管理部门将发现的重大问题实时反馈给上级单位技术标准管理部门。

五、监督检查

企业总部技术标准管理部门提出技术标准实施的监督检查总体要求，组织开展监督检查。企业总部业务管理部门在总部技术标准管理部门的组织下，成立技术标准实施监督检查工作组，提出监督检查工作方案，参与各级业务管理部门及班组/产品线的技术标准实施的监督检查工作。

一级企业技术标准管理部门组织、协调技术标准实施的监督检查工作。一级企业业务管理部门开展本专业标准执行情况的检查工作。

二级企业技术标准管理部门协助、协调技术标准实施的监督检查工作。二级企业业务管理部门开展本专业标准执行情况的检查工作。

三级企业执行本单位技术标准执行情况的监督检查工作。

六、结果评价

总部技术标准管理部门全面组织各层级单位的技术标准实施评价考核工作，汇总一级企业的技术标准实施评价报告，编制企业总的技术标准实施评价报告。

一级企业技术标准管理部门开展评价考核，根据业务部门的总结评价，形成一级企业的技术标准实施评价报告。一级企业业务管理部门开展评价考核，提出业务部门的总结评价。

二级企业技术标准管理部门在上级部门的组织下，开展评价考核，根据业务部门的总结评价，形成二级企业的技术标准实施评价报告。二级企业的业务管理部门在上级部门的组织下，开展评价考核。

三级企业在上级部门的组织下，开展评价考核。

七、改进提升

企业总部技术标准管理部门对总部业务管理部门反馈的问题和建议进行汇总分析，检查技术标准实施评价情况并向业务管理部门通报；对总部业务管理部门提出的改进意见、建议提出相应的优化和改进指导意见，并反馈给一级企业和二级企业的技术标准管理部门。总部业务管理部门对一级企业的业务管理部门提出的技术标准实施的问题、建议进行汇总和分析，提出可能的改进意见和建议，并将以上信息反馈给总部的技术标准管理部门；将总部通报的技术标准实施的检查情况，发布给各级业务管理部门。

一级企业技术标准管理部门汇总分析标准执行中的问题，汇总分析标准自身的问题，向企业总部技术标准管理部门提交技术标准实施的问题和建议；依据企业总部技术标准管理部门提出的优化和改进指导意见，以及本单位业务管理部门提出的专业改进意见和建议，结合本单位的标准执行问题和标准自身问题，制定本单位技术标准实施改进方案并组织实施。一级企业的业务管理部门汇总分析标准执行中的问题，汇总分析标准自身的问题，向一级企业的技术标准管理部门和企业总部的业务管理部门提交技术标准实施的问题和建议，提出本部门的专业改进意见和建议；依据一级企业技术标准管理部门提出的改进方案，在本单位技术标准管理部门的组织、业务管理部门的参与下，开展技术标准实施的改进工作。

二级企业的技术标准管理部门汇总分析标准执行中的问题，汇总分析标准自身的问题，向一级企业的技术标准管理部门提交技术标准实施的问题和建议；依据一级企业技术标准管理部门提出的优化和改进指导意见，以及本单位业务管理部门提出的专业改进意见，结合标准执行问题和标准自身问题，制定本单位的技术标准实施的改进方案并组织实施。二级企业的业务管理部门汇总分析标准执行中的问题，汇总分析标准自身的问题，进而向本单位的技术标准管理部门和总部的业务管理部门提交技术标准实施的问题和建议，提出本业务部门的专业改进意见；依据本单位技术标准管理部门提出的改进方案，在上级单位技术标准管理部门的组织下，开展技术标准实施的改进工作。

三级企业汇总分析标准执行中的问题，提出问题和建议并提交给上级单位业务管理部门；依据上级单位技术标准管理部门提出的改进方案，在上级单位技术标准管理部门的组织下，开展技术标准实施的改进工作。

第六章

国家电网有限公司技术标准实施评价实践

国家电网有限公司高度重视技术标准工作。公司"十三五"技术标准规划战略性提出"适应国家标准化改革""构建全新的公司技术标准创制体系""全面提升公司技术标准质量""进一步加强标准应用"等目标，明确"一体化运作、两类人才培养、三大体系建设、四级标准制定、五大重点任务"重点工作。随着国家电网有限公司技术标准工作的不断深入和标准化管理的日益加强，公司各基层单位在标准实施环节上的管理差异逐渐显现，特别是在标准实施监督方面尚存在薄弱环节，在技术标准全寿命周期过程中，技术标准实施环节逐渐成为"短板"。

为根本解决技术标准在公司各层级、各单位的有效实施问题，促进建立更加科学、完备的技术标准管理闭环。"十三五"期间，国家电网有限公司以技术标准战略为统领，以有效实施公司统一的技术标准体系为主线，研究建立了以"两统一—三体系—七步法"为核心的技术标准体系化实施评价模式。通过系统化维护标准体系、体系化逐级梳理辨识、专业化标准宣贯培训、流程化对接日常工作、层级化上下结合监督评价、标准化结果评价与应用、常态化问题反馈与改进提升，最终形成自上而下"逐级分解实施、逐级监督评价"，自下而上"逐级反馈建议、逐级改进提升"的技术标准实施评价体系。

本章对国家电网有限公司技术标准实施评价实践进行详细介绍。

第一节　国家电网有限公司主营业务及技术标准体系化应用现状

一、国家电网有限公司业务概况

国家电网有限公司成立于 2002 年 12 月 29 日，是根据《中华人民共和国公司法》设立的中央直接管理的国有独资公司，以投资、建设、运营电网为核心业务，承担保障安全、经济、清洁、可持续电力供应的基本使命，是关系国家能源安全和国民经济命脉的特大型国有重点骨干企业。国家电网有限公司主要经营区域覆盖 26 个省（自治区、直辖市），覆盖国土面积 88%以上，供电服务人口超过 11 亿人，连续多年位居《财富》世界 500 强前列。近 20 年来，国家电网有限公司持续创造全球特大型电网最长安全纪录。投资运营菲律宾、巴西、葡萄牙、澳大利亚、意大利、希腊、中国香港 7 个国家和地区的骨干能源网，连续 7 年获得标准普尔、穆迪、惠誉三大国际评级机构国家主权级评级。国家电网有限公司紧密围绕公司战略目标，从政治责任、经济责任和社会责任的角度服务党和国家工作大局，坚决贯彻国家能源改革、电力体制改革和国企改革部署，为建设具有中国特色国际领先的能源互联网企业而奋斗。

特高压作为电网的骨干网架，具有将电力资源大规模、远距离输送的技术优势。自 2004 年以来，国家电网有限公司联合各方力量，在特高压理论、技术、标准、装备及工程建设、运行等方面实现了全面创新，掌握了具有自主知识产权的特高压输电技术，并推动特高压技术和装备海外输出，实现了"中国创造"和"中国引领"。截至 2019 年年底，建成投运"十交十一直"特高压工程，核准、在建"四交三直"特高压工程。国家电网有限公司经营区域跨省跨区域输电通道设计容量达 2.1 亿 kW，特高压累计输送电量超过 1.6 万亿 kWh，电网资源配置能力不断提升。

发展智能电网是实现我国能源生产、消费和技术革命的重要手段，是建设能源互联网的重要基础。国家电网有限公司以坚强网架为基础，全面开展电网智能化升级，涵盖了发电、输电、变电、配电、用电、调度及信息通信各领域，在理论创新、标准规范、关键技术、重要装备、工程建设等方面取得重大突破，成为世界范围内智能电网的主要推动者。国家电网有限公司认真贯彻落实《国家发展改革委关于加快配电网建设改造的指导意见》（发改能源〔2015〕1899 号）和《国家能源局关于印发配电网建设改造行动计划（2015—2020 年）的通知》（国能电力〔2015〕290 号）精神，围绕新型工业化、城镇化、农业现代化和美丽乡村建设，实施新一轮农村电网改造升级，建设世界一流城市配电网，强化配电网标准化建设、精益化运维、智能化管控，积极推动装备升级与科技创新，努力打造一流现代化配电网，为全面建成小康社会提供有力保障。

国家电网有限公司始终坚持贯彻国家清洁能源优先发展战略，积极发展水电、风电、太阳能发电，逐步缓解经营区清洁能源消纳矛盾，促使清洁能源发电量和占比"双升"、弃电量和弃电率"双降"。2019 年，国家电网有限公司完成北方地区 372 万户居民"煤改电"清洁取暖配套电网建设，建成三峡坝区绿色岸电实验区，形成了可复制推广的运营服务模式。截至 2019 年年底，新能源并网容量累计达到 34842 万 kW，同比增长 16.1%。2019 年新能源发电量为 6018.18 亿 kWh，同比增长 16.52%，利用率达到 96.8%。

二、国家电网有限公司技术标准体系建设现状

国家电网有限公司在电力央企中率先建立了覆盖电力生产全流程的技术标准体系，以及特高压、智能电网、电力储能、新能源、电动汽车充电等重要分支标准体系。同时支撑物资采购、设备管理、工程建设、运行控制、营销服务等专业管理的标准体系也已构建完成，实现了技术标准与专业管理的深度融合。

1. 国家电网有限公司技术标准体系

国家电网有限公司技术标准体系建设始终坚持统一性、完整性、层次性、协调性、明确性和可扩展性原则。其中，统一性体现在坚持统一规划、归口管理、分工负责、统一审定、统一发布；完整性体现在根据对电网规划、建设、运行等生产全过程的综合分析，力求形成门类齐全、系统的、成套的技术标准体系；层次性体现在技术标准适用范围应涵盖基础通用和业务应用不同层级；协调性体现在电网各业务、各环节技术标准之间的协调配合；明确性体现在按照技术标准本身的特点来划分类目，避免技术标准的重复；可扩展性体现在能够适应公司的业务调整和科学技术发展变化趋势。按照以上原则，国家电网有限公司建立了业务覆盖完整、专业衔接紧密、类目划分清晰的技术标准体系，并结合电力生产实际，持续对公司企业标准、团体标准、行业标准、国家标准、国际标准和国外先进标准进行筛选、梳理和分类，其科学性和可持续性在实践中不断被完善、体系架构不断被优化。《国家电网有限公司技术标准体系表（2020 版）》共收录公司企业标准 2149 项、行业标准 3671 项、国家标准 3952 项、国际标准和国外先进标准 633 项。国家电网有限公司技术标准体系采用了分层结构，第一层是技术基础标准，第二层是以生产过程为排列顺序的技术专业标准。国家电网有限公司技术标准体系框图见图 6-1。

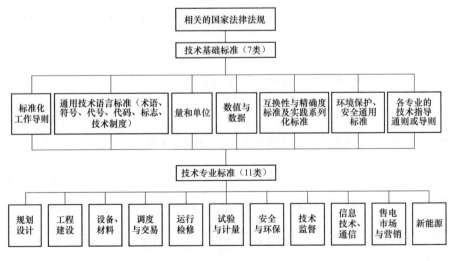

图 6-1　国家电网有限公司技术标准体系框图

（1）第一层为技术基础标准。技术基础标准在一定范围内是其他标准的基础并普遍被使用，具有广泛的指导意义，包括 7 个分支：

1）标准化工作导则。

2）通用技术语言标准（术语、符号、代号、代码、标志、技术制图）。

3）量和单位。

4）数值与数据。

5）互换性与精确度标准及实现系列化标准。

6）环境保护、安全通用标准。

7）各专业的技术指导通则或导则。

（2）第二层为技术专业标准，包括 11 个分支：

1）规划设计。包括基础综合、系统规划、变电站设计、换流站设计、线路设计、配电网设计、通信规划设计、火电、水电、核电等分支。

2）工程建设。包括基础综合、变电站、换流站、架空线路、电缆、火电、水电、通信工程实施、技术经济等分支。

3）设备、材料。包括基础综合、特高压电力设备、高压电力设备、中压电力设备、低压电力设备、架空线路、电缆、继电保护及安全自动装置、电力电子、监测装置及仪表、机械及零部件、电气材料、火电、水电、通信设备材料、验收等分支。

4）调度与交易。包括基础综合、稳定及方式、调度计划、无功控制、网源协调、水电及新能源调度、调度运行及设备监控、继电保护、调度自动化、配电网运行、电力交易等分支。

5）运行检修。包括基础综合、变电站、换流站、架空线路、电缆、火电、水电、工器具等分支。

6）试验与计量。包括基础综合、高压电力设备、中压电力设备、架空线路、继电保护、电力电子、监测装置及仪表、电测计量、化学检测、火电、水电、信息通信等分支。

7）安全与环保。包括基础综合、作业安全、劳动保护、职业卫生、环境保护、应急机制、消防等分支。

8）技术监督。包括基础综合、电能质量、电气设备性能、电测技术、热工技术、金属技术、化学技术、节能与环保技术、保护与控制系统、信息通信及自动化、信息及电力通信等分支。

9）信息技术、通信。包括基础综合、网络、计算机、信息通信安全、信息通信资源、信息通信应用技术、信息通信运行等分支。

10）售电市场与营销。包括基础综合、电能计量、营业管理、节能、售电市场、需求侧管理、用电安全等分支。

11）新能源。包括并网设计、工程建设、新能源设备、运行控制、试验检测等分支。

（3）结合公司主营业务发展需求，国家电网有限公司进一步构建了支撑规划、建设、运行、检修、营销等业务工作的技术标准子体系，发布《国家电网有限公司电网主营业务技术标准体系表》，为国家电网有限公司各基层单位电网主营业务体系建设提供了重要参考。

国家电网有限公司电网主营业务技术标准体系根据技术标准的重要性、使用频度，以及与公司各业务联系的紧密程度，分为核心标准和参考标准两部分。核心标准部分涵盖直接使用、与业务密切相关、经常引用的技术标准；参考标准部分作为重要补充，涵盖业务中可供参考的技术标准，突出实用性。在《国家电网有限公司技术标准体系表》的总体框架之下，以保持其体系结构层次基本不变为原则，几大业务体系中标准可交叉复用，突出了使用的便捷性。下面以《国家电网有限公司电网主营业务技术标准体系表（2018 年版）》为例进行介绍：

1）规划设计技术标准子体系由核心标准和参考标准两部分组成。核心标准部分共收集标准 129 项（其中企业标准 59 项，行业标准 54 项，国家标准 16 项）；参考标准部分共收集标准 119 项（其中企业标准 56 项，行业标准 51 项，国家标准 11 项，国际标准 1 项）。

2）建设业务技术标准子体系由核心标准和参考标准两部分组成。其中，核心标准部分共收集标准 940 项（其中企业标准 351 项，国家标准 136 项，行业标准 447 项，国际标准 6 项）；参考标准部分共收集标准 1934 项（其中企业标准 394 项，国家标准 614 项，行业标准 620 项，国际标准和国外先进标准 306 项）。

3）运行业务技术标准子体系由核心标准和参考标准两部分组成。其中，核心标准共收集标准 403 项（其中企业标准 173 项，行业标准 153 项，国家标准 55 项，国际标准和国外先进标准 22 项）；参考标准部分共收集标准 549 项（其中企业标准 195 项，行业标准 205 项，国家标准 129 项，国际标准和国外先进标准 20 项）。

4）检修业务技术标准子体系由核心标准和参考标准两部分组成。其中，核心标准部分共收集标准 1576 项（其中企业标准 496 项，行业标准 472 项，国家标准 563 项，国际标准和国外先进标准 45 项）；参考标准部分共收集标准 1182 项（其中企业标准 110 项，行业标准 402 项，国家标准 338 项，国际标准和国外先进标准 332 项）。

5）营销业务技术标准子体系由核心标准和参考标准两部分组成。其中，核心标准共收集标准 367 项（其中企业标准 227 项，行业标准 56 项，国家标准 75 项，国际标准 3 项，团体标准 6 项）；参考标准部分共收集标准 424 项（其中企业标准 48 项，行业标准 192 项，国家标准 155 项，国际标准和国外先进标准 29 项）。

（4）除按照主营业务分类建立子体系外，国家电网有限公司还针对特高压输电、智能电网等重要领域建立多个分支技术标准体系。

1）特高压交直流技术标准体系：国家电网有限公司依托工程实际需要，在特高压关键技术领域开展了大量的研究工作，并积累了丰富的工程实际经验，促进了特高压技术的高速发展。采用"先制定指导性技术文件指导特高压输电工程建设，再通过工程建设经验修改完善形成标准"的模式，按照综合标准化工作思路，最终形成完整的、有自主知识产权的特高压技术标准综合体。

依托世界首个特高压交流工程建设，国家电网有限公司全面系统开展科研攻关，总结工程建设创新实践，全面建立特高压交流技术标准体系，完成涵盖系统研究、工程设计、设备制造、施工安装、环境保护、调试试验和运行维护等工程建设运行全过程的全套标准，在 180 项科研课题、279 项专利成果的基础上，建成了由 36 项国家标准、46 项行业标准和 79 项企业标准组成的特高压交流输电标准体系。在特高压交流电网建设和运行过程中，大力推动相关标准的贯彻应用，保证工程质量和安全生产，实现标准化建设和管理。结合特高压直流工程实际需求，组织完成特高压直流技术标准体系建设，包括国家、行业、企业标准共 143 项，全面涵盖规划设计、设备材料、工程建设、测量与试验、运行维护等环节，为特高压直流工程建设与运行提供全方位技术保障。国家电网有限公司组织制定的特高压交流、直流技术标准体系，能够满足我国特高压工程的建设及发展，综合考虑了研究、设计、施工、运行维护和设备制造等方面的需要，标准多为原创性成果，实现了我国在国际标准化工作领域的重大突破，分别荣获中国标准创新贡献奖一等奖。

2）智能电网技术标准体系：为有效指导智能电网规划、设计、建设、运行等相关工作，促进智能电网建设的有序发展，国家电网有限公司于 2010 年 6 月编制完成并对国内外发布了《坚强智能电网技术标准体系规划》。从 2011 年 5 月开始，国家电网有限公司组织相关专家对《坚强智能电网技术标准体系规划》进行了滚动修订，对标准体系框架中的个别技术领域和标准系列进行了优化调整和补充完善，系统总结了国内外智能电网标准现状，进一步明确了技术标准工作重点。2019 年最新版的《坚强智能电网技术标准体系规划》中维持 8 个专业分支，新增"共性支撑"，由于输电与变电环节联系日益紧密，将"输电"与"变电"合并优化为"输变电"；扩展 9 个技术领域，使领域数达到 35 个；基于各领域技术的发展现状和智能电网发展需要，充分考虑相关技术的未来趋势，提出130 个标准系列以及若干项具体标准。

智能电网技术标准体系的建立为智能电网技术标准制定提供了统一的技术依据，有效支撑了智能变电站、调度自动化、柔性直流输电等试点工程的建设，加快了智能电网装备的产业化和国际化进程，推动了国家能源战略的有效实施。

目前，国家电网有限公司正在积极推进能源互联网技术标准体系研究构建工作。

2．技术标准体系在电网主营业务的实施应用情况

（1）技术标准体系在电网主营业务中的重要应用。

1）电网规划领域。规划业务技术标准体系紧紧结合国家电网有限公司和电网发展规划，促进了特高压电网、柔性直流输电、智能配电网、新能源并网、储能技术等领域创新成果标准化，推进了相关成果纳入国家、行业、团体和企业标准，健全和完善"网源荷一体化"电力规划设计标准，实现电网电源科学系统、协调一致发展。服务能源互联网建设，开展全电压等级电网规划设计标准国际化路线构建，为电网发展规划提供技术支撑。

2）电网建设领域。建设业务技术标准体系以提升工程建设效率及安全、质量水平为出发点，提升了工程建设信息化、智能化水平，促进了复杂地质和极端环境条件下输变电工程关键设备、主要材料部件、施工工艺标准研发，促进清洁能源开发利用，支撑国家电网有限公司跨区电网重点工程和能源互联网建设。

3）电网运行领域。运行业务技术标准体系以适应特高压交直流电网运行控制，新能源接入与消纳，市场化环境下的调控模式、调控技术手段革新为起点，为特高压交直流混联大电网、仿真计算、运行控制、新能源并网运行、网源协调等运行管理提供体系化标准支撑，提高电网运行安全稳定水平。

4）运维检修领域。检修业务技术标准体系以打造结构合理、设备优良、技术先进、管理科学的本质安全电网的运维检修业务发展为目标，规范了设备、通道、运维检修及生产管理技术要求，提升了设备状态管控能力及运维检修管理的穿透力，为加强智能电网的建设和运行提供了保障。

5）电力营销领域。营销业务技术标准体系覆盖了营销管理、装置设备、公共服务、信息安全的电力营销标准化体系，为提高国家能源计量与管理水平，完善智能量测标准体系并保持其国际领先优势，推动国家电网有限公司智慧能源服务业务发展和用户侧能源互联网建设，促进电力营销标准体系与经济社会发展深度融合，为美丽乡村服务、保卫蓝天电能替代、阳光扶贫攻坚、电动汽车畅行、能效服务示范引领、光伏云网连万家、家庭共享电气化、供电服务心连心用电业务八大服务工程建设提供保障，带动国家智能量测产业创新能力和发展水平的整体提升。

（2）标准体系在实际应用中存在的问题。梳理总结技术标准体系在电网主营业务中的应用情况，国家电网有限公司技术标准体系在实施过程中仍有以下三方面问题有待改善，这可能是企业在推行标准化过程中存在的较为普遍的现象，且具有共性特征。

1）技术标准整体水平有待提高。国家电网有限公司技术标准数量已具备一定规模，但标准之间仍存在一定的交叉矛盾问题。电力应用标准涵盖国际标准、国家标准、行业标准、团体标准和企业标准，存在着对于同一事项有多类、多项且要求不一致的标准进行约束的现象；部分标准更新较慢，失去对实际工作的指导效力；部分标准质量水平不高，与其他标准内容存在交叉重叠，甚至矛盾等问题。如何从"数量型"发展方式向"质量型"发展方式转变，将成为技术标准工作的新命题。

2）标准的协调性和指导作用有待提升。虽然国家电网有限公司技术标准体系建设已经取得较大成绩，但是部分技术标准的应用程度与实际需求相比仍有差距，存在较大的改善空间。标准制修订需进一步拓展工作领域，标准制修订过程中应协调更多的利益相关方，新技术交叉渗透需广泛引入综合标准化理论等。未来电网将形成一个现代化综合性生产体系，科学技术和电力工业生产的横向综合以及向整体化发展，推动了标准化管理向系统化、综合化发展，因此需要采用综合标准化的思路解决学科渗透和技术领域交叉的问题。而对于国家电网有限公司，并不局限要求各相关要素单项指标最佳，更需要通过建立一整套现代标准化体系，获取综合考虑技术、经济、社会的整体最佳效益。

3）技术标准实施评价体系亟须建立。标准只有在应用和实施中才能发挥价值和作用，并在其自身的不断完善过程中提升质量、规范流程。我国已开始探索性开展技术标准的符合性评估工作。符合性评估工作是对标准实施工作的验证，能够客观公正地评价企业在标准应用方面的成效。但还存在技术标准实施闭环跟踪体系建设尚不完备的问题。为解决国家电网有限公司技术标准实施中存在的一些问题，保障电网安全高效运行，以及更好支撑公司的发展战略，国家电网有限公司自 2015 年开始在全公司系统范围内全面开展了技术标准实施评价工作，取得的工作成效也可为我国探索构建技术标准实施闭环跟踪体系提供参考。

第二节　国家电网有限公司体系化推进技术标准实施的实践

本着理论与实践相结合的原则，国家电网有限公司不断推进实践基础上的理论创新，并深化理论创新基础上的实际应用，经过 5 年的实践实施，总结形成了以"两统一——三体系—七步法"为核心的企业技术标准体系化实施评价模式，建立了技术标准体系化实施的通用化流程，为企业技术标准实施及实施监督提供了新的思维角度。本节主要从整体工作、保证体系建设、实施体系建设和评价体系建设以及各项工作成效方面介绍国家电网有限公司相关工作实践。

一、整体工作开展情况

国家电网有限公司按照"统一组织、分级实施、持续提升"的原则，历时 5 年全面开展技术标准实施评价体系建设，先后经历体系构建及试点、体系全面实施、体系深化提升、体系巩固总结及体系示范推广 5 个阶段。通过组建统一的工作组织体系，建立协同推进工作机制，优化完善技术标准体系，建立固化工作流程，推动标准精准、高效落地；建立意见反馈机制，持续开展评价考核，营造标准化良好氛围，建成科学有效的技术标准实施评价新常态。在体系化推进标准实施工作中形成以"两统一——三体系—七步法"为核心的通用模式。

1. 体系构建及试点过程

2015 年 6 月，国家电网有限公司为落实"改革标准体系和标准化管理体制，改进标准制定工作机制，强化标准的实施与监督"的工作要求，强化技术标准在公司各基层单位的有效实施，编制印发了《国家电网公司关于开展技术标准实施评价试点工作的意见》（国家电网科〔2015〕566 号），提出研究构建技术标准实施评价体系，由国家电网有限公司总部顶层设计、统一部署、统筹协调，按照统一的实施程序和评价细则有序开展技术标准实施评价工作。

国家电网有限公司技术标准实施评价体系按照"4 个层级、8 个项目、30 个评价对象、60 个关键问题"设计。国家电网有限公司相关单位的技术标准实施评价细则见附录 A。试点阶段包含体系化标准辨识、流程化对接日常工作、层级化上下结合监督评价和常态化问题反馈与改进提升 4 项重点工作，分为体系建立、自评价、验收评价和改进完善 4 个阶段，并选择了 5 家省电力公司作为技术标准实施评价试点单位。各单位按照国家电网有限公司总部要求完成了试点任务，取得了良好效果。

2. 体系全面实施过程

2016 年 1 月，在试点工作取得良好效果的基础上，国家电网有限公司进一步丰富提炼了技术标准实施评价体系的内涵，提出建立"以有效实施公司统一的技术标准体系为主线，建立贯穿各层级，自上而下'逐级分解实施、逐级监督评价'，自下而上'逐级反馈建议、逐级改进提升'的技术标准实施与监督评价机制，推进适用标准的精准、高效落地"的技术标准实施评价体系，印发《国家电网公司关于开展技术标准实施评价工作的意见》（国家电网科〔2016〕123 号），在全部 27 家省电力公司全面开展技术标准实施评价工作。

在体系全面建立和实施过程中，考虑到技术标准实施评价工作涉及范围广、层级多、流程长，国家电网有限公司提出技术标准评价实施工作在整体工作上分为近期和中远期两个阶段、两个工作目标，构建形成技术标准管理部门归口管理、各业务管理部门分工负责的统一工作组织体系，扎实开展体系化标准分级辨识、流程化对接日常工作、层级化上下结合监督评价和常态化问题反馈与改进提升 4 项重点工作，并按照体系建立、标准辨识、体系实施和总结评价 4 个阶段有序推进。

3. 体系深化提升过程

在 2015 年开展试点并在 2016 年完成了全部 27 家省电力公司技术标准实施评价体系建设后，国家电网有限公司在推动标准精准落地和高效实施方面取得巨大成效。2017 年 2 月，国家标准化管理委员会正式批复以国家电网有限公司为依托单位，试点开展国家"技术标准实施示范"项目。这是我国标准化发展史上首次设立的此类示范项目。为落实示范工作要求，持续推进技术标准与公司各业务管理工作的深度融合，形成可推广应用的典型模式，2017 年 2 月，国家电网有限公司印发《国家电网公司关于深化技术标准实施评价工作的通知》（国家电网科〔2017〕158 号），决定于 2017 年开始全面深化 27 家省电力公司的技术标准实施评价工作，并延伸至产业单位。

在体系深化提升阶段，国家电网有限公司对省电力公司技术标准实施评价深化工作提出完成"10 个 100%"工作目标；对产业单位要求建立技术标准实施评价工作组织体系，初步形成各层级协同推进的工作机制，梳理辨识产品研发、生产制造、检测验证等环节的技术标准，研究构建技术标准体系，完成技术标准与主要业务流程的准确对接，开展标准实施、监督检查和自评价，初步建立技术标准执行反馈渠道，不断提升技术标准的适用性和精准度，以标准促进科技成果转化和产品质量提升。

在重点工作方面，国家电网有限公司进一步深化总部相关部门和分部的职责分工，明确提出组建发展策划部、基建部、运维检修部、营销部、信息通信部、国家电力调度控制中心牵头的 6 大工作推进组，将技术标准实施评价工作融入专业管理，与专业工作同时计划、同时布置、同时实施、同时检查；省电力公司重点做好强化技术标准在基层班组的有效落地，试点开展"电力标准化良好行为企业"创建等重点工作；对产业单位提出技术标准实施评价体系按照"3 个层次、8 个项目、21 个评价对象、39 个关键问题"设计，完成推进标准体系建设及标准辨识、加强标准宣贯培训和执行管理、开展标准执行监督评价、畅通问题反馈与改进提升 4 项重点工作。

4. 体系巩固总结过程

2018 年，国家电网有限公司在巩固完善既有体制机制基础上，制订工作计划，组织省电力公司和产业单位总结提炼，围绕国家"技术标准实施示范"目标，就"形成体系化推进标准实施的方法、形成整体性反馈意见的机制、建立企业标准实施和推广信息化平台、形成标准体系化实施效益评价方法"4 个方面内容进行深入研究，建立一套可复制使用、可推广应用的典型模式，并于 2018 年 12 月完成主体工作。

体系巩固总结的 4 项重点任务是对技术标准实施评价工作成果的重要提升和提炼，是技术标准实施评价价值溢出的重要一步。

5. 体系示范推广阶段

2019 年，紧密围绕国家"技术标准实施示范"总体目标，国家电网有限公司按照国家技术标准实施示范与公司技术标准实施评价工作相统一、与"电力标准化良好行为企业"创建工作相统一、与公司主营业务管理工作相统一的"三统一"工作思路，在全公司系统内良好完成了"全体系、全链条、全覆盖"的技术标准实施示范工作。2019 年 8 月 15 日，示范项目顺利通过国家市场监督管理总局标准技术司组织的考核验收。专家组对示范项目取得的"两统一—三体系—七步法""整体性反馈""全链条价值分解法""企业标准实施和推广信息化平台"等研究成果给予充分肯定。自 2019 年以来，在国家电网有限公司推动下，示范项目成果影响力在国内其他大中型企业中逐渐扩大。

二、保证体系建设情况

省电力公司和产业单位是技术标准实施评价工作的实施主体，以下内容主要以应用型企业的典型代表——省电力公司为例，介绍国家电网有限公司技术标准体系化实施评价的实施过程和成效。对照前文以"两统一—三体系—七步法"为核心的技术标准实施评价模式层级划分：国家电网有限公司即为企业总部，省电力公司对应一级企业，地市供电公司对应二级企业，县供电公司对应三级企业。

下面主要从启动部署、组织体系、机制建设维度，描述国家电网有限公司开展技术标准实施评价工作的实践经验。

1．组织体系及职责分工

国家电网有限公司技术标准实施评价工作实行"统一领导、归口管理、专业负责、专家支撑"，在国家电网有限公司统一领导下，建立技术标准管理部门归口管理、各业务管理部门分工负责的统一的技术标准实施评价工作组织体系。在技术标准实施评价启动阶段，根据国家电网有限公司总体工作要求，各省电力公司分别发文部署技术标准实施评价工作，明确职责分工、工作内容及进度安排，建立内部管控机制和通报考核机制，完善本单位技术标准实施评价工作联络体系。

（1）成立技术标准实施评价领导小组及工作小组。各省电力公司及下属单位分别成立领导小组和工作小组，组织领导和统筹协调技术标准实施评价工作。省电力公司领导小组由公司分管负责人牵头，科技管理部门负责人担任副组长，各部门、各基层单位分管负责人担任成员，负责协调实施评价工作，推进实施评价工作的有效开展；工作小组一般由科技管理部门负责人担任组长，各部门、各基层单位专业骨干担任成员，负责组织落实实施评价具体工作；各二级单位参照省电力公司本部成立对应组织结构，组织推进本单位技术标准实施评价工作。省电力公司技术标准实施评价工作组织体系见表 6-1。

表 6-1   省电力公司技术标准实施评价工作组织体系

组织名称	组长	成员	职责
领导小组	省电力公司副总经理/总工程师/党组成员	省电力公司各部门主要负责人、省电力公司下属各基层单位分管负责人	全面负责省电力公司技术标准实施评价工作，协调、解决评价工作中出现的重大问题，对各部门、各基层单位工作成效进行考核，对省电力公司整体评价结果进行审定
工作小组	省电力公司科技管理部门负责人	省电力公司各部门骨干、省电力公司下属各基层单位专业骨干	负责组织落实评价具体工作，推进实施评价工作的有效开展

（2）明确技术标准实施评价职责分工。

1）省电力公司科技管理部门。负责组织和推动技术标准实施评价工作，协调各基层单位落实技术标准实施评价工作方案、工作计划和评价细则，组织开展本单位及下属单位技术标准实施评价推广应用，负责解决技术标准实施评价过程中存在的相关问题。

2）省电力公司各业务管理部门。按照业务分工，根据省电力公司技术标准实施评价流程，负责组织开展本专业范围内技术标准实施评价各项工作，优化公司技术标准体系表中本部门业务范围技术标准体系，明确本部门业务范围内应执行的技术标准，负责本部门业务范围内指导和评价各地市供电公司体系维护、标准辨识、宣贯培训、标准执行、监督检查、结果评价和改进提升各项工作。

3）省电力公司下属各地市单位。负责梳理和明确本单位各岗位应执行的技术标准并建立清单，负责职责分工范围内的各岗位技术标准清单的实施，负责组织开展本单位的标准辨识、宣贯培训、标准执行、监督检查、结果评价和改进提升，接受上级省电力公司各部门的专业管理，监督、指导所辖县供电公司的技术标准实施评价工作。

4）技术标准实施评价专家组。各省电力公司以技术带头人、技术专家为主，成立电网规划、工程建设、运行与控制、运维检修、电力营销、信息与通信、电厂调试等技术标准专家组，负责全面支撑省电力公司及下属单位的技术标准实施评价体系有效运行。

（3）明确技术标准实施评价主体及对象。根据《国家电网有限公司技术标准实施评价细则》的有关要求，各省电力公司进一步细化技术标准实施评价职责，明确本单位发展策划部、基建部、运维检修部、安质部、营销部、调控中心等部门以及各供电公司和专业公司是技术标准实施评价主体，在技术标准实施评价工作组织体系领导下，全面负责本专业、本单位的技术标准实施评价工作。省电力公司技术标准实施评价主体及评价对象见表6-2。

表 6-2　　　省电力公司技术标准实施评价主体及评价对象

要素	内　　容
实施评价主体	省电力公司发展策划部、基建部、运维检修部、安质部、营销部、调控中心等部门，各供电公司、专业公司
实施评价对象	《国家电网有限公司技术标准体系》内的所有适用标准
实施评价依据	国家电网有限公司关于开展技术标准实施评价工作的相关文件；《国家电网公司技术标准实施评价细则》；国家电网有限公司各基层单位、各层级技术标准实施评价内容

（4）构建技术标准实施评价工作网。通过加强科技管理部门统筹协调、专业部门业务支撑、专家组技术指导、二级单位贯彻落

实，各省电力公司建立形成技术标准实施评价工作网，以"网络式"组织模式，横向定期协同，纵向阶段督导，机制高效运转，保障技术标准实施评价及技术标准各项工作有序推进。技术标准实施评价"网络式"组织模式见图 6-2。

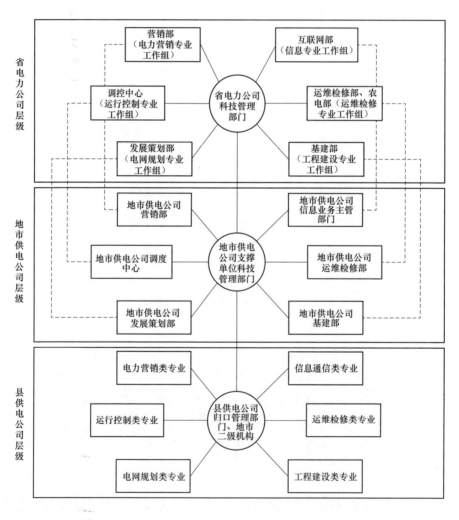

图 6-2 技术标准实施评价"网络式"组织模式

2．工作机制

（1）联络沟通机制，具体内容如下。

1）实施联络人机制：各基层单位根据技术标准实施评价工作小组构成，指定技术标准管理部门、业务管理部门专人专员负责技术标准实施评价联络工作，组建联络人队伍，提高沟通效率和效果，协调推动各项工作。

2）实施月度通报机制：省电力公司科技管理部门牵头统一制定月报模板，及时总结上阶段工作完成情况，制订下阶段工作计划以及总结遇到的问题和难题，开放式通报工作进展落实情况，有效督促各部门、各基层单位开展各项工作。

3）实施工作例会机制：各级技术标准实施评价工作小组按季度组织召开工作例会，协调解决技术标准实施评价推进过程中面临的问题，必要时向领导小组汇报请示。

4）实施重大紧急问题即时上报机制：地市供电公司和县供电公司发生技术标准实施评价重大或紧急问题时应即时报省电力公司，由省电力公司即时上报国家电网有限公司科技部，协同解决重大或紧急问题。

（2）督查督导机制。实施定期工作督导机制：省电力公司各部门在科技管理部门统一组织下，对各基层单位每年至少开展一次技术标准实施专项监督检查工作。国家电网有限公司科技部在中期、终期两次组织各基层单位开展自评价并对其自评价报告进行审核。对审核通过的基层单位，将组织评价专家组对其进行现场评价。

实施专人片区负责机制：各省电力公司设置专人负责片区整体工作督导，重点做好技术标准实施评价技术支撑；各二级单位与片区督导员开展对口沟通，接受片区督导员的业务指导和技术支撑。

（3）考核激励机制。实施通报考核机制：各省电力公司组织下属单位总结优秀做法和经验并进行推广交流；将各省电力公司年度技术标准实施评价效果纳入业绩考核范围。

3. 制度建设

2019 年，国家电网有限公司印发《国家电网有限公司技术标准实施评价工作管理办法》（国家电网企管〔2019〕557 号），明确了国家电网有限公司技术标准实施评价工作管理的组织形式、关键环节、工作重点等内容，为推进技术标准实施评价工作的常态化、规范化进行提供了制度保障。

三、实施体系建设情况

本部分主要从体系维护、标准辨识、宣贯培训、标准执行、监督检查等维度介绍国家电网有限公司技术标准实施的实践经验。

1. 体系维护

国家电网有限公司定期组织维护技术标准体系，逐年滚动修编、发布《国家电网有限公司技术标准体系表》，确保公司技术标准的先进性、有效性、适用性；各基层单位按照标准更新转发流程管理要求，及时转发技术标准更新信息，实时纳入新标准，剔除废止标准。

2. 标准辨识

各省电力公司及下属单位依据《国家电网有限公司技术标准体

系表》，按照各省电力公司、地市供电公司、县供电公司的顺序，以岗位为基础，"自上而下"与"自下而上"相结合有序开展标准辨识工作。标准辨识涵盖规划设计、工程建设、设备与材料、调度与交易、运行检修、试验与计量、技术监督、信息与通信技术、售电市场与营销、新能源与节能、安全与环保 11 个专业大类和 104 个专业小类。通过辨识其职责范围内应实施的技术标准，推动技术标准落实到各专业、各班组、各岗位。省电力公司及下属单位建立技术标准体系表，各部门、各班组、各岗位建立技术标准清单。

　　省电力公司技术标准体系表包含标准号、标准名称、标准分类号等信息。标准分类号直观反映了标准对应的公司技术标准体系中的专业分类；责任部门体现了"谁应用谁负责、管专业必须管标准"的原则；核心标准/参考标准体现了与专业的紧密程度，以及标准的重要性；"分类"表达了该标准是属于企业标准、行业标准、国家标准还是属于国际标准。某省电力公司技术标准体系表（部分示例）见表 6-3。岗位技术标准清单主要是以岗位为基础，辨别该岗位所需的技术标准，并明确标准号、标准名称、实施日期等信息。某县供电公司岗位技术标准清单（部分示例）见表 6-4。

表 6-3　　　　某省电力公司技术标准体系表（部分示例）

序号	分类号	标准号	标准名称（中文）	责任部门	核心/参考	分类
1	13.1-4-4	GB 38755—2019	电力系统安全稳定导则	发展策划部、调控中心	核心标准	国家标准

续表

序号	分类号	标准号	标准名称（中文）	责任部门	核心/参考	分类
2	17.1-4-10	DL/T 1051—2019	电力技术监督导则	运维检修部	核心标准	行业标准
3	13.2-4-9	DL/T 1172—2013	电力系统电压稳定评价导则	发展策划部	核心标准	行业标准
4	13.2-4-10	DL/T 1234—2013	电力系统安全稳定计算技术规范	发展策划部、调控中心	核心标准	行业标准
5	13.8-4-41	DL/T 1239—2013	1000 kV 继电保护及电网安全自动装置运行管理规程	调控中心	核心标准	行业标准
6	14.5-4-8	DL/T 1253—2013	电力电缆线路运行规程	运维检修部	核心标准	行业标准
7	10.2.2-4-6	DL/T 256—2012	城市电网供电安全标准	发展策划部	核心标准	行业标准
8	13.9-4-79	DL/T 280—2012	电力系统同步相量测量装置通用技术条件	调控中心	核心标准	行业标准
9	14.2-4-95	DL/T 306.1—2010	1000 kV 变电站运行规程 第1部分：设备概况	运维检修部	核心标准	行业标准
10	14.2-4-96	DL/T 306.2—2010	1000 kV 变电站运行规程 第2部分：运行方式和运行规定	运维检修部	核心标准	行业标准
11	14.2-4-97	DL/T 306.3—2010	1000 kV 变电站运行规程 第3部分：设备巡检	运维检修部	核心标准	行业标准
12	14.2-4-98	DL/T 306.4—2010	1000 kV 变电站运行规程 第4部分：设备异常及事故处理	运维检修部	核心标准	行业标准
13	14.2-4-99	DL/T 306.5—2010	1000 kV 变电站运行规程 第5部分：典型操作	运维检修部	核心标准	行业标准
14	29.240	Q/GDW 1177—2015	高压静止无功补偿装置技术监督规定	运维检修部	核心标准	企业标准

续表

序号	分类号	标准号	标准名称（中文）	责任部门	核心/参考	分类
15	29.240	Q/GDW 10661—2015	串联电容器补偿装置交接试验规程	运维检修部	核心标准	企业标准

表 6-4　**某县供电公司岗位技术标准清单（部分示例）**

单位	专业中心/部门	专业室/班组	岗位名称	作业指导书（规程）引用与执行标准的编号	标准名称	标准实施日期
某县供电公司	客户服务中心	抄表班	抄核收收费工	Q/GDW 11197—2014	用电信息采集终端检测装置技术规范	2014-10-15
				Q/GDW 1373—2013	电力用户用电信息采集系统功能规范	2013-03-21
				Q/GDW 1572—2014	计量用低压电流互感器技术规范	2015-02-18
				Q/GDW 1573—2014	计量用低压电流互感器自动化检定系统技术规范	2015-02-18
				Q/GDW 1574—2014	电能表自动化检定系统技术规范	2015-03-12
		计量班	计量检测工	Q/GDW 11197—2014	用电信息采集终端检测装置技术规范	2014-10-15
				Q/GDW 1373—2013	电力用户用电信息采集系统功能规范	2013-03-21
				Q/GDW 1572—2014	计量用低压电流互感器技术规范	2015-02-18
				Q/GDW 1573—2014	计量用低压电流互感器自动化检定系统技术规范	2015-02-18
				Q/GDW 1574—2014	电能表自动化检定系统技术规范	2015-03-12
				Q/GDW 1827—2013	三相智能电能表技术规范	2013-03-21

单位	专业中心/部门	专业室/班组	岗位名称	作业指导书（规程）引用与执行标准的编号	标准名称	标准实施日期
某县供电公司	客户服务中心	柜台班	柜台业扩报装	Q/GDW 1763.1—2012	电力自助缴费终端通用规范 第1部分：技术规范	2014-01-17
				Q/GDW 1763.2—2012	电力自助缴费终端通用规范 第2部分：型式规范	2014-01-17
				Q/GDW 1763.4—2012	电力自助缴费终端通用规范 第4部分：建设管理规范	2014-01-17
	运维检修部	检修建设工区（线路）	配电运维检修岗位	Q/GDW 11261—2014	配电网检修规程	2014-11-20
				Q/GDW 11262—2014	电力电缆及通道检修规程	2014-11-20
				Q/GDW 1799.2—2013	电力安全工作规程（线路部分）	2013-11-06
			配电带电作业岗位	Q/GDW 520—2010	10 kV 架空配电线路带电作业管理规范	2010-10-26
				Q/GDW 11232—2014	配电带电作业工具库房车技术规范	2014-12-01
				Q/GDW 11237—2014	配网带电作业用绝缘斗臂车技术规范	2014-12-01
				GB/T 18857—2019	配电线路带电作业技术导则	2019-12-01
				Q/GDW 1799.2—2013	电力安全工作规程（线路部分）	2013-11-06
			输电运维检修岗位	DL/T 1248—2013	架空输电线路状态检修导则	2013-08-01
				DL/T 1249—2013	架空输电线路运行状态评估技术导则	2013-08-01

单位	专业中心/部门	专业室/班组	岗位名称	作业指导书（规程）引用与执行标准的编号	标准名称	标准实施日期
某县供电公司	运维检修部	检修建设工区（线路）	输电运维检修岗位	DL/T 1367—2014	输电线路检测技术导则	2015-03-01
				Q/GDW 1799.2—2013	电力安全工作规程（线路部分）	2013-11-06
		检修建设工区（变电）	变电运维岗位	Q/GDW 1906—2013	输变电一次设备缺陷分类标准	2014-04-15
				DL/T 573—2010	电力变压器检修导则	2010-10-01
				Q/GDW 445—2010	电流互感器状态检修导则	2010-06-21
				Q/GDW 449—2010	隔离开关状态检修导则	2010-06-21
				DL/T 969—2005	变电站运行导则	2006-06-01
				Q/GDW 751—2012	变电站智能设备运行维护导则	2012-06-11
				Q/GDW 752—2012	变电站智能巡视功能规范	2012-06-11
				Q/GDW 1799.1—2013	电力安全工作规程（变电部分）	2013-11-06

通过标准辨识，省电力公司技术标准体系始终处于全面、有效、适用状态。以某省电力公司为例，该公司技术标准体系数量始终根据业务发展和需求动态调整。2016 年的技术标准数量为 2416 项（核心标准 851 项、参考标准 1565 项），2017 年的技术标准数量为 2551 项（核心标准 1284 项、参考标准 1267 项），2018 年的技术标准数量为 2744 项（核心标准 1431 项，参考标准 1313 项）。

2016—2018 年某省电力公司技术标准辨识成效见表 6-5。

表 6-5 　　　　　　　　　**2016—2018 年某省电力公司**

技术标准辨识成效　　　　　　单位：项

分类维度	标准类别	2016 年	2017 年	2018 年
标准重要性	核心标准	851	1284	1431
	参考标准	1565	1267	1313
标准级别	国际（国外）标准	58	169	167
	国家标准	487	764	757
	行业标准	379	737	730
	企业标准	1492	881	1090

3. 宣贯培训

在启动部署阶段，省电力公司以国家电网有限公司、省电力公司发布的文件、工作安排、工作要求为主要内容，组织全员对如何开展技术实施评价工作进行宣贯培训，全方位启动技术标准实施评价工作。在标准辨识阶段和标准执行之初，省电力公司以《国家电网有限公司技术标准体系表》和如何开展标准辨识、标准执行、监督检查、改进提升工作为主要内容开展宣贯和培训，推动技术标准实施评价工作流程的统一、规范、高效开展。

标准实施的重中之重是标准执行的准确性、有效性，尤其是重要领域技术标准、核心标准的高效应用。省电力公司及各基层单位专业管理部门，针对专业管理范围内的重要领域技术标准、核心标准，举办技术标准培训班，定期开展各单位负责人、技术骨干、标准使用人员的现场集中培训；积极推行培训课堂"走出去"，组织人员到现场模拟查勘，找问题、提建议，促进共同提高；依托网络大学积极开发技术标准课件和考题、案例、微课等培训资源，增强技术标准培训便捷性和标准化程度；融合技术竞赛、技术培训、技能考试、班组晨会、现场微课堂等形式，定期开展班组技能培训，推进技术标准、作业指导书与专业技能的结合；开展以"智能电网""能源互联网"等为主题的新员工入职教育培训，宣贯培训新能源入网、微网控制、储能系统等领域技术标准，加强新员工对智能电网工作技能的掌握；针对直接执行的技术标准，运用作业口袋书等形式提高现场作业指导有效性。

技术标准实施评价宣贯和培训具有针对性强、专业性显著的特点。通过培训各岗位应知应会的技术标准，增强岗位与技术标准的匹配性和紧密度，进一步明确了各岗位工作流程和环节的注意事项，增强了员工对岗位技术标准的理解和掌握程度，大幅提升了员工使用标准的技能，促进了工作规范性。某省电力公司 2016 年编制技术标准课件287份，组织各类技术标准培训班，累计培训2200人次；2017 年完成 5 个岗位的培训规范、2300 项考试题目、68 项培训案例、35 项微课开发，其中 7 项技术标准课程、4 项微课在国网网络大学上线，举办各类培训班 180 余次，累计培训约 1800 人次；2018 年各专业累计培训 6916 人次、竞赛调考 17 项。通过以上的一系列措施，极大提高了全员的标准化认知水平。

4．标准执行

为全面落实国家电网有限公司技术标准实施评价工作要求，针对标准化程度高、重复性高的技术标准，各省电力公司按照作业项目组织编制标准化作业指导文件，其中省电力公司负责编制或者修订作业指导书（或模板），二级单位编制或者修订作业指导卡。各岗位在工作中严格落实标准各项规定，记录标准执行资料，填报岗位标准执行证明材料表。

通过强化标准执行和监督检查工作，班组参与率、班组作业与技术标准（作业指导书）对应准确率显著提高，标准得到有效执行，形成的技术标准与作业指导书对照表（部分示例）见表 6-6。

表 6-6　　　　　技术标准与作业指导书对照表（部分示例）

作业指导书名称	作业内容简介	应用的标准编号	标准名称	班组	岗位	标准执行证明材料名称
BP-2B 母线保护校验作业指导书	BP-2B 母线保护校验现场作业	DL/T 995—2016	继电保护和电网安全自动装置检验规程	变电二次运维检修班	变电二次运维检修班班长	《检修公司变电检修中心变电二次运维检修专业报告》《检修公司变电检修中心典型保安措施票》
		Q/GDW 1799.1—2013	电力安全工作规程（变电部分）	变电二次运维检修班	变电二次运维检修班班长	

5. 监督检查

省电力公司采用检查、自查、自评价等多种监督检查举措，确保技术标准执行到位、有效落地。根据技术标准实施评价与各专业同计划、同布置、同检查、同考核的工作要求，各专业、各部门在质量监督、技术监督、安全检查、班组督导检查及试验检测等日常业务管理工作中，监督检查技术标准辨识结果的准确性和执行应用情况，检查是否存在应用技术标准不到位、应用技术标准存在原则性错误等行为，同步将技术标准的有关要求一一落实，对标准辨识未深入班组、技术标准更新不及时等问题要求整改，形成闭环管理。同时，发挥标准使用人员主观能动性，以岗位为基础对业务范围内应执行技术标准的执行情况开展岗位全面自查，填报"技术标准监督检查表"，对发现的标准不适用、交叉矛盾、缺失等问题以及建议、意见进行记录。某县供电公司技术标准监督检查表见表 6-7。

表 6-7　　　　　　　某县供电公司技术标准监督检查表

问题类型	标准不适用□ 标准缺失☑ 标准交叉矛盾□ 标准执行问题□		
技术标准名称	配电自动化系统运行维护管理规范		
技术标准编号	Q/GDW 626—2011		
提出部门/单位	配电运维检修室	提出时间	2018 年 1 月 15 日
联系人	××	联系方式	××
问题描述	在附录 A 的配电自动化系统有关运行指标和计算公式中，关于遥信正确率的计算，未对遥信正确动作进行说明（主站判断遥信正确的条件）		
建议内容	补充对遥信正确动作进行说明（主站判断遥信正确的条件）		
业务部门	运维检修部	负责人	××
技术标准管理部门	发展策划部	负责人	××
备注			

某省电力公司按照标准整体不适用、标准存在交叉矛盾、标准内容存在缺失项等标准本身的问题，以及未按标准要求执行、岗位标准

缺失等标准执行环节问题进行分类、检查，2016 年完成 1300 余个岗位的"应直接执行技术标准是否有效执行"检查，累计发现问题 163 项；2017 年进一步强化了技术标准贯彻执行，累计发现问题 78 项。

四、评价体系建设情况

本部分从结果评价、改进提升两个维度描述国家电网有限公司技术标准实施评价的实践经验。

1. 结果评价

在结果评价环节，国家电网有限公司发布《技术标准实施评价细则》，明确评价内容和评价方法，省电力公司在细则基础上进一步制定评价方案、细化评价内容。通过结果评价形成体系评价结果和评价报告，将评价结果纳入各基层单位、各部门业绩考核范畴。同时，按照国家和行业标准化工作相关要求，由国家电网有限公司统一组织，优选部分地市供电单位或省电力公司二级支撑机构，结合技术标准实施评价工作，组织开展"电力标准化良好行为企业"创建工作。

2019 年，在电力标准化良好行为企业认定标准修订后，国网江苏省电力有限公司南通供电分公司、国网上海市电力公司青浦供电公司等 11 家单位顺利通过电力标准化良好行为企业 5A 级现场评估，进一步体现了技术标准实施评价在深化标准化管理中起到的积极有效作用，为国家电网有限公司在新管理模式下推进技术标准落地实施进行了积极探索。

2. 改进提升

针对标准辨识、宣贯培训、标准执行、监督检查环节中发现的标准不适用、交叉矛盾、缺失等标准问题以及违反和不符合标准等标准执行问题，各省电力公司组织开展问题汇总、统计分析，形成"发现问题及改进提升汇总表"，某省电力公司技术标准实施发现问题及改进提升汇总表（部分示例）见表6-8。针对标准问题，国家电网有限公司总部和各省电力公司充分发挥国家电网有限公司技术标准验证实验室及其他各类试验检测机构的作用，为标准问题提供技术标准符合性和一致性检测，提出标准改进建议，促进标准质量持续提升。结合改进建议积极提出标准制修订计划建议，并将其反馈至有关标准管理机构或组织。改进提升环节打通了标准执行、监督检查与标准制修订之间的工作流程，依据标准实施情况提出标准修订、废止、补充立项等建议，促进了技术标准制修订工作更加具有针对性和适用性。以某省电力公司为例，2016—2018年，通过系统开展技术标准实施评价工作，累计发现各类标准问题55种；利用公司技术标准验证实验室开展标准验证工作，提出改进提升建议99条。

表 6-8　　　　某省电力公司技术标准实施发现问题及

改进提升汇总表（部分示例）

部门/单位	分类号	标准编号	标准名称	技术标准有何问题	整改措施及建议	整改效果
发展策划部	10.2.2-2-2	Q/GDW 1738—2012	配电网规划设计技术导则	110kV电压等级接线方式不完全满足于本地高可靠性区域的供电要求	在双侧三链接线基础上实施自愈系统，将故障处理时间由人工操作的小时级提高到自动控制的秒级	实际运行情况表明，自愈系统有效提高高压配电网供电可靠性，符合本地高可靠性要求

部门/单位	分类号	标准编号	标准名称	技术标准有何问题	整改措施及建议	整改效果
发展策划部	10.2.2-2-2	Q/GDW 1738—2012	配电网规划设计技术导则	110kV 主变压器容量序列未包含更大容量选择	建议修订标准，增加110kV、80MVA主变压器序列	根据高负荷密度区域要求，增加部分110kV主变压器容量选项
调控中心	13.9-2-8	Q/GDW 11207—2014	电力系统告警直传技术规范	标准发布前，已投运变电站不具备此功能	结合调控分中心管理要求，对500kV变电站监控系统进行改造	已完成多座变电站改造，结合技术梳理，在年内完成其余6座变电站改造工作
某地市供电公司	13.12-2-2	Q/GDW 251—2009	特殊时期保证电网安全运行工作标准	该技术标准发布于2009年，已不适应目前对于大电网安全供电的要求，对检修方式下的 $N-1$ 预案要求不明确	补充检修方式下的 $N-1$ 预案要求，明确互馈线技术标准	目前运行工作中已按照检修方式下的 $N-1$ 模式进行预案保障
	14.2-4-111	DL/T 573—2010	电力变压器检修导则	执行的《油浸式变压器C类检修维护作业指导书》原引用标准（DL/T 573—1995《电力变压器检修导则》）被新标准（DL/T 573—2010《电力变压器检修导则》）替代	建议上级职能部门修订相关作业指导书	部门对班组开展新标准宣贯，确保现场执行及时且严格按照新标准执行；作业指导书修订建议已上报

运用横向协同、纵向贯通的反馈机制，国家电网有限公司针对国家标准、行业标准、团体标准、企业标准等各类级标准，按照标准不适用、交叉矛盾、标准内容缺失、标准语言表述不准确5种典型标准问题维度，形成"技术标准实施评价存在的标准问题汇总表"；

通过积极主动、逐步有序向国家、行业各级标委会及公司技术标准专业工作组反馈相关问题，促进标准进一步完善。

某省电力公司 2019 年技术标准实施评价工作流程表见表 6-9。

表 6-9　某省电力公司 2019 年技术标准实施评价工作流程表

阶段	重点工作	牵头部门/单位	责任部门/单位	工作内容	时间节点
1. 组织机制建设	技术标准实施评价启动动员	省电力公司科技管理部门	省电力公司各部门及下属各基层单位	（1）工作动员。（2）安排省电力公司技术标准实施评价工作	2019-03-22
	省电力公司各部门技术标准实施评价启动动员	省电力公司各部门	省电力公司各部门	（1）明确部门内的分工。（2）安排省电力公司各部门技术标准实施评价工作。（3）反馈部门联系人至科技管理部门	2019-03-22 至 2019-02-24
	省电力公司各基层单位技术标准实施评价启动动员	省电力公司各基层单位技术标准管理部门	省电力公司下属各基层单位各部门、所属各二级单位、县供电公司	（1）成立省电力公司下属各单位技术标准实施评价领导小组和工作小组，明确职责分工，召开评价工作启动动员大会，下发评价工作文件。（2）反馈本单位工作小组组成、归口部门及联系人至科技管理部门。上报本单位实施评价文件至科技管理部门。（3）安排本单位技术标准实施评价工作	2019-03-22 至 2019-03-29
	建立完善标准辨识联络协调工作机制	省电力公司科技管理部门	省电力公司科技管理部门	将省电力公司各部门联络人信息、下属各基层单位实施评价文件、工作小组组成、归口部门及联系人分发至省电力公司各部门、下属各基层单位，建立完善标准辨识联络协调机制	2019-03-22 至 2019-03-31

续表

阶段	重点工作	牵头部门/单位	责任部门/单位	工作内容	时间节点
2．体系维护	各层级实施标准更新转发	省电力公司科技管理部门、各部门	省电力公司下属各基层单位科技管理部门、各部门	（1）转发发布《国家电网有限公司技术标准体系表》，建立标准转发机制。 （2）省电力公司科技管理部门、专业管理部门在规定的期限内（10个工作日）将《国家电网有限公司技术标准体系表》转至相关部门、单位。 （3）各基层单位各部门在收到新发布/废止的国家电网有限公司技术标准的通知文件后，在规定的期限内（15个工作日），将新发布标准纳入本部门业务管理范围内应执行的技术标准清单中，将废止标准剔除，并通知到相应执行部门/单位	规定期限内（10个工作日内转发；15个工作日内纳入）
3．标准辨识	省电力公司全面开展标准辨识活动	省电力公司各部门	省电力公司各部门	（1）依据最新版的《国家电网有限公司技术标准体系表》，识别、确定各岗位技术标准清单（或目录），在此基础上，汇总、识别、确定各部门业务范围内的技术标准清单（或目录）。 （2）提供各部门技术标准清单（或目录），包括标准编号、标准名称、标准分类等信息，以及负责组织执行和关联的业务管理岗位［即部门技术标准清单（或目录）能够反映出部门各岗位应使用的技术标准目录情况］。 （3）反馈部门技术标准清单（或目录）至科技管理部门，同	2019-04-01 至 2019-04-31

阶段	重点工作	牵头部门/单位	责任部门/单位	工作内容	时间节点
3. 标准辨识	省电力公司全面开展标准辨识活动	省电力公司各部门	省电力公司各部门	时，在部门及岗位留存部门技术标准清单（或目录）备查。 （4）指导各基层单位开展技术标准专业辨识，协调解决各基层单位标准辨识过程中涉及本部门业务范围的问题	2019-04-01至2019-04-31
	省电力公司各基层单位全面开展标准辨识活动	各基层单位技术标准归口部门	各基层单位的各部门	（1）依据最新版的《国家电网有限公司技术标准体系表》，识别、确定各岗位技术标准清单（或目录），在此基础上，汇总、识别、确定部门技术标准清单（或目录），包括标准编号、标准名称、标准分类等信息，并明确负责组织执行和关联的业务管理岗位［即部门技术标准清单（或目录）能够反映出部门各岗位应使用的技术标准目录情况］。 （2）辨识过程中存在的问题，可与省电力公司各部门沟通协调解决。 （3）反馈部门技术标准清单（或目录）至本单位技术标准管理部门，同时，在部门及岗位留存部门技术标准清单（或目录）备查	2019-04-01至2019-04-31
			各基层单位所属的各二级单位、县供电公司	（1）依据最新版的《国家电网有限公司技术标准体系表》，识别、确定二级单位、县供电公司各岗位技术标准体系（清单），在此基础上，汇总、识别、确定本二级单位（含班组）、县供电公司（含班组）技术标准清单（或目录），包括标	2019-04-01至2019-04-31

续表

阶段	重点工作	牵头部门/单位	责任部门/单位	工作内容	时间节点
3. 标准辨识	省电力公司各基层单位全面开展标准辨识活动	各基层单位技术标准归口部门	各基层单位所属的各二级单位、县供电公司	准编号、标准名称、标准分类等信息，并明确负责组织执行和关联的业务管理岗位、班组〔即二级单位、县供电公司技术标准清单（或目录）能够反映出本二级单位、县供电公司各班组、岗位应使用的技术标准目录情况〕。 （2）辨识过程中存在的问题，可与本单位机关各部门沟通协调解决。 （3）反馈二级单位、县供电公司技术标准清单（或目录）至本单位技术标准管理部门，同时，在二级单位、县供电公司及内部班组、各岗位留存二级单位、县供电公司技术标准清单（或目录）备查	2019-04-01 至 2019-04-31
	省电力公司对标准辨识结果进行补充完善，形成各层级技术标准清单（或目录）	科技管理部门	省电力公司各部门、省电力公司下属各基层单位	（1）省电力公司科技管理部门将各基层单位反馈的本单位技术标准清单（或目录）分发至省电力公司各部门。 （2）省电力公司各部门对各基层单位本专业领域技术标准辨识工作进行评价，同步审定标准适应的各级业务管理岗位、相应公司所属单位及相关单位的二级机构，并对存在的问题提出修改意见，反馈至科技管理部门	2019-05-01 至 2019-05-15
				（1）省电力公司科技管理部门汇总省电力公司各部门的反馈意见，并转至各基层单位修改完善。 （2）省电力公司科技管理部门再次将各基层单位反馈的本	2019-05-16 至 2019-05-31

阶段	重点工作	牵头部门/单位	责任部门/单位	工作内容	时间节点
3. 标准辨识	省电力公司对标准辨识结果进行补充完善，形成各层级技术标准清单（或目录）	科技管理部门	省电力公司各部门、省电力公司下属各基层单位	单位技术标准清单（或目录）分发至省电力公司各部门。 （3）省电力公司各部门对各基层单位本专业领域技术标准辨识工作进行最终评价。 （4）将经过最终审定的技术标准清单（或目录）分发至各基层单位	2019-05-16 至 2019-05-31
				省电力公司科技管理部门组织完成省电力公司各部门标准辨识与各基层单位标准辨识清单（或目录）的汇总工作，形成省电力公司技术标准清单（或目录），分发至省电力公司各部门、省电力公司下属各基层单位使用	2019-05-31
4. 宣贯培训	省电力公司组织开展技术标准宣贯培训活动	科技管理部门	省电力公司各部门、省电力公司下属各基层单位	（1）就省电力公司技术标准辨识后的体系表开展宣贯培训。 （2）安排部署各专业、各基层单位宣贯培训工作。 （3）将培训相关的材料留存备查	2019-06-01
	各专业部门组织开展技术标准宣贯培训活动	省电力公司各部门	省电力公司各部门	（1）就本专业技术标准辨识后的体系表开展宣贯培训。 （2）安排部署各基层单位专业宣贯培训工作。 （3）组织编制作业指导书。 （4）将培训相关的材料留存备查	2019-06-03 至 2019-06-31
	各基层单位组织开展技术标准宣贯培训活动	省电力公司下属各基层单位	省电力公司下属各基层单位	（1）就各基层单位技术标准辨识后的体系表开展宣贯培训。 （2）制定标准、作业指导书、工作流程对应表。 （3）将培训相关的材料留存备查	2019-06-03 至 2019-06-31

阶段	重点工作	牵头部门/单位	责任部门/单位	工作内容	时间节点
5. 标准执行	省电力公司开展标准执行及执行情况检查	省电力公司科技管理部门	省电力公司各部门	（1）提供技术标准得到有效执行的证明材料。 （2）对省电力公司各部门岗位应直接执行的技术标准在执行过程中发现的标准不适用、交叉矛盾、缺失等问题以及建议、意见进行记录。 （3）将证明材料和记录反馈至科技管理部门，同时，留存备查	2019-07-01 至 2019-07-21
	各基层开展单位标准执行及执行情况检查	各基层单位技术标准归口部门	省电力公司下属各基层单位及所属二级单位、县供电公司	（1）所属二级单位、县供电公司提供的技术标准得到有效执行的证明材料。 （2）所属二级单位、县供电公司提供岗位应直接执行的技术标准在执行过程中发现的标准不适用、交叉矛盾、缺失等问题以及建议、意见进行记录。 （3）各基层单位的各部门提供技术标准得到有效执行的证明材料。 （4）各基层单位的各部门提供岗位应直接执行的技术标准在执行过程中发现的标准不适用、交叉矛盾、缺失等问题以及建议、意见进行记录。 （5）各基层单位技术标准归口部门汇总。 （6）标准归口部门将汇总材料反馈至各基层单位科技管理部门，同时，留存备查	2019-07-01 至 2019-07-21

续表

阶段	重点工作	牵头部门/单位	责任部门/单位	工作内容	时间节点
5. 标准执行	组织开展各部门、各单位标准执行情况汇总并上报	科技管理部门	省电力公司各部门	（1）省电力公司科技管理部门汇总本省电力公司各部门、下属各基层单位反馈的证明材料及存在问题的记录。 （2）将证明材料及存在问题的记录分发至省电力公司各部门审核。 （3）根据审核结果，汇总省电力公司存在问题的记录报国家电网有限公司科技部	2019-07-22 至 2019-07-31
6. 监督检查	各专业标准实施情况监督检查	科技管理部门	省电力公司各部门	（1）省电力公司科技管理部门组织各部门开展各专业标准实施监督检查。 （2）省电力公司各部门结合日常业务管理工作，对本岗位业务范围内应执行技术标准的执行情况进行监督检查。 （3）省电力公司各部门反馈检查结果和记录至省电力公司科技管理部门，同时，留存备查	2019-07-01 至 2019-07-21
	省电力公司下属各基层单位自我开展标准实施情况监督检查	各基层单位技术标准管理部门	省电力公司下属各基层单位及所属二级单位、县供电公司	（1）各基层单位技术标准管理部门组织开展本单位各部门及所属二级单位、县供电公司的监督检查工作。 （2）各基层单位各部门结合日常业务管理工作，对本岗位业务范围内应执行技术标准的执行情况进行监督检查。 （3）各基层单位所属二级单位、县供电公司结合日常业务管理工作，对本单位业务范围内应执行技术标准的执行情况进行监督检查。 （4）各基层单位各部门、所属各二级单位、县供电公司反馈检查结果和记录至本单位技术标准管理部门。	2019-07-01 至 2019-07-21

续表

阶段	重点工作	牵头部门/单位	责任部门/单位	工作内容	时间节点
6. 监督检查	省电力公司下属各基层单位自我开展标准实施情况监督检查	各基层单位技术标准管理部门	省电力公司下属各基层单位及所属二级单位、县供电公司	（5）各基层单位技术标准管理部门汇总检查结果和记录，并将其反馈至本单位科技管理部门，同时，留存备查	2019-07-01 至 2019-07-21
	标准监督检查结果汇总	科技管理部门	省电力公司各部门	（1）根据各基层单位反馈情况，组织省电力公司专业部门对各基层单位标准评价工作有效性进行监督检查。（2）省电力公司各部门将各基层单位标准评价工作有效性监督检查报告反馈至省电力公司科技管理部门，同时，留存备查	2019-07-22 至 2019-07-31
7. 结果评价	按照专业开展标准实施评价	省电力公司各部门	省电力公司各部门	对业务范围内应执行的技术标准在各基层单位的实施效果进行评价，将形成的业务评价结果反馈至省电力公司科技管理部门	2019-08-01 至 2019-08-15
	省电力公司整体标准实施评价	省电力公司科技管理部门	省电力公司各部门	（1）对技术标准体系实施情况进行评价，并形成体系评价结果。（2）依据体系评价结果和省电力公司各部门的专业评价结果，对省电力公司及下属各基层单位技术标准实施情况进行整体评价，并形成评价报告	2019-08-16 至 2019-08-30
	绩效考核	省电力公司人资部	省电力公司各部门、下属各基层单位	在省电力公司绩效考核指标体系中适当体现技术标准实施评价考核指标及年度考核要求（具体考核兑现工作与省电力公司绩效考核同步开展）	2019-12-1 至 2019-12-30

续表

阶段	重点工作	牵头部门/单位	责任部门/单位	工作内容	时间节点
8. 改进提升	省电力公司组织对标准自身及实施中的问题进行整改	省电力公司科技管理部门	省电力公司科技管理部门	（1）对标准辨识、宣贯培训、标准执行、监督检查过程中发现的违反和不符合标准问题，以及对问题的改进等进行汇总、统计、分析，给出改进意见。 （2）对标准辨识、宣贯培训、标准执行、监督检查过程中发现的标准不适用、交叉矛盾、缺失等问题，以及对问题的改进等进行汇总、统计、分析。 （3）向国家电网有限公司科技部反馈标准修订、废止、补充立项等建议。 （4）对存在的问题进行整改，并按期完成整改，形成整改报告	2019-09-01 至 2019-09-31
		省电力公司各部门	省电力公司各部门	（1）对标准辨识、宣贯培训、标准执行、监督检查过程中发现的违反和不符合标准问题进行分析，组织对问题进行改进。 （2）对标准辨识、宣贯培训、标准执行、监督检查过程中发现的标准不适用、交叉矛盾、缺失等问题进行分析，并向国家电网有限公司总部业务管理部门和国家电网有限公司科技部反馈标准修订、废止、补充立项等建议。 （3）对存在的问题进行整改，并按期完成整改，形成整改报告。 （4）将整改报告反馈至科技管理部门，同时，留存备查	2019-09-01 至 2019-09-31

续表

阶段	重点工作	牵头部门/单位	责任部门/单位	工作内容	时间节点
8. 改进提升	对标准自身及实施中的问题进行整改	各基层单位技术标准归口部门	省电力公司各基层单位及所属二级单位县供电公司	（1）所属各层单位各部门、二级单位、县供电公司对标准辨识、宣贯培训、标准执行、监督检查过程中发现的违反和不符合标准问题进行分析，组织对问题进行改进。 （2）所属各层单位各部门、二级单位、县供电公司对标准辨识、宣贯培训、标准执行、监督检查过程中发现的标准不适用、交叉矛盾、缺失等问题进行分析，并将其反馈至本单位技术标准管理部门。 （3）技术标准管理部门将分析改进和存在的问题材料反馈至省电力公司科技管理部门。 （4）对存在的问题进行整改，并按期完成整改，形成整改报告。 （5）整改报告经本单位技术标准管理部门汇总后反馈至省电力公司科技管理部门，同时，留存备查	2019-09-01 至 2019-09-31

第七章
总 结 与 展 望

第一节　突 破 与 创 新 点

　　实施标准化战略、加强标准化工作，是一项复杂的系统工程，是一项打基础、利长远的任务，对经济社会发展具有长远意义。

　　长期以来，在我国企业标准化工作中大都存在着"重制定、弱修订、轻实施"问题。对企业技术标准体系的完整性、技术标准的适用性、技术标准间的交叉重复等问题缺乏有效的识别方法；对于实施过程中发现的问题，缺乏有效的反馈机制；对于业务链条复杂的大型企业，缺乏与业务链相对应的技术标准实施流程，缺乏针对技术标准实施关键环节的确立。本书创新性提出技术标准实施评价"两统一—三体系—七步法"为核心的技术标准体系化实施评价模式，开创了大型企业技术标准体系化实施的先例，实现了国内外技术标准实施评价领域理论与工具的突破。通过全面覆盖、实施应用，切实解决了大中型企业技术标准实施过程中的"重制定、弱修订、轻实施"顽疾，标准制修订的承担主体与应用主体倒挂，企业总部与基层单位重视程度不一致等问题和标准化闭环管理体系不完善问题。

　　本书所述技术标准体系化实施评价模式的落脚点在于"体系化

实施评价"，要求技术标准实施评价工作必须符合科学性、系统性、一体化、集约化原则，从组织、机制、流程等方面入手实现突破，充分发挥企业在标准实施和实施监督中的作用。

本书所述技术标准实施评价模式突破了集团化企业组织架构复杂造成的协调统筹难度较高的难题，实现了集团化企业上下层级间技术标准体系的一致性。传统大型国有企业常见的组织架构是母子模式构成的集团型企业，集约化要求、精细化管理要求、专业化水平要求普遍较高。倘若总部与分、子公司标准体系不对接、标准不一致，容易造成"集而不团"的现象，引发流程不畅通、效率不高效、资源不统筹，因此对于集团化企业如何在各个层面的标准化战略中保持高度一致、思想统一，确保实现统一的企业战略要求和价值观至关重要。技术标准体系化实施评价模式在推行过程中始终坚持统一的技术标准体系和工作推进路径，始终坚持对实施体系、评价体系和保证体系提出统一要求，较好地解决了组织架构差异性造成的波动。

本书所述技术标准实施评价模式突破了既有的技术标准实施与评价环节的"短板"问题，实现了企业技术标准精准落地，确保了技术标准的先进性和适用性。长久以来，企业技术标准实施与评价的有效性已成为技术标准工作的短板。由于标准制定与标准应用的主体不同以及标准本身的复杂性、多样性，易产生"有标准不执行""标准选择性执行""标准更新不及时""现有标准不能完全满足实际业务需求"等诸多问题。如果标准不能及时被使用，就势必削弱企业业务整体规范统一，造成技术管理工作困扰。企业必须严格执行标准，通过把标准作为生产经营、提供服务和控制质量的依据和手段，来提高产品服务质量和生产经营效益。在推行技术标准体系化实施评价模式的过程中，标准辨识、宣贯培训、监督检查、改进提升等环节始终围绕标准有效实施这一目标，以评价促实施，从根本上解决了标准实施与评价环节的"短板"问题。

　　本书所述技术标准实施评价模式突破了无成熟管理方法与工具的局面，推进技术标准全寿命周期管理的完整性与科学性。当前，国内缺少成熟的技术标准实施评价方法与工具，在流程、工作步骤等方面未形成统一的、可推广的理论，影响了技术标准在企业的有效实施。技术标准体系化实施评价模式通过创立技术标准实施评价"两统一——三体系—七步法"模式，从流程、工具方面总结形成了系统理论，并经过实践检验，有效推进了标准落地，构建了从计划编制、标准制定到标准实施再到信息反馈的管理闭环，实现了技术标准管理方面的理论创新和实践创新。

　　本书所述的技术标准体系化实施评价模式研究是国家电网有限公司通过 5 年的体系构建及试点、全面实施、体系深化、体系巩固和示范推广的螺旋式改进提升过程，在推广应用过程中不断修正、逐步形成的科学完善的技术标准实施评价方法，在技术标准实施方法工具、技术标准实施监督评价、技术标准反馈提升方面具有重要的内容创新，具体包括：

　　（1）创立技术标准实施评价"七步法"，创新技术标准实施评价方法工具。技术标准体系化实施评价模式将技术标准实施评价工作流程分解为体系维护、标准辨识、宣贯培训、标准执行、监督检查、结果评价、改进提升 7 个步骤，明确了工作内容，为技术标准实施评价工作提供了全新的工作思路。

（2）构建技术标准实施评价体系，全面加强标准实施监督，实现了以评价促实施、以评价促改进。制定的《技术标准实施评价细则》，将技术标准实施的关键环节分解为"N 个层级、N 个环节、N 个项目、N 个评价对象、N 个关键问题"的评价内容，实现了技术标准实施与评价的无缝衔接。通过结果绩效全面衡量技术标准实施评价的有效性，为严格考核提供了依据。

（3）实现基于问题反馈和试验验证的技术标准改进提升。面对技术标准评价各个环节中发现的问题，推进技术标准实施评价反馈机制，打通问题反馈渠道，有效解决标准辨识、标准执行、监督检查环节发现的各级标准不适用、标准矛盾、标准缺失等典型问题。运用试验验证手段有效解决标准实施过程中的各类问题，促进标准自身和标准体系整体的改进提升。

第二节　研　究　展　望

技术标准体系化实施评价的过程本身就是企业标准化工作优化提升的一部分，通过实施"两统一——三体系—七步法"的技术标准实施评价模式，能够将标准体系、标准执行与日常工作有效对接，充分发挥标准化的系统效应，促进企业业务和管理流程规范、运营效率提高、关键绩效指标提升，推动标准影响力上升。本书从组织建设、方法工具、工作路径等视角对标准实施进行了系统性研究和诠释，本书在标准实施方面具有较强的研究意义和现实价值。然而，由于本书主题的新颖性、方法的创新性，在研究上仍存在一些不足和局限，有待进一步探索，主要表现在以下三个方面。

（1）需要进一步加强方法的实践与推广。本书成果针对业务同样具有网络化、同质化特点的大中型企业以及集团型企业可复制性显著，其业务模式、业务性质与国家电网有限公司相似，能确保各企业在保持自身个性和特点的同时，运用技术标准实施评价"七步法"抓好标准执行和评估工作。但对于小型企业以及产品研发型企业，本书在工具的适用性和普适性方面需要进一步验证。

（2）需要进一步对模式实践的效果进行持续跟踪和评估。本书成果经过国家电网有限公司为期 5 年的不断检验、验证，系统整合了标准的各项工作，将标准制定、标准实施和标准实施监督进行了串联，进一步满足了科技创新、标准研制与产业化同步发展的要求，但该模型对于科技创新、产业化的贡献需要进一步研究测算。

（3）为有效支撑技术标准体系化实施评价工作的开展，国家电网有限公司结合国家技术标准实施示范项目开展了技术标准实施评价信息化管理研究，开发运行了一套技术标准实施和推广的信息化系统，目前已固化为企业内部信息化平台，为总部及所属各单位标准实施评价各项工作提供更加便捷的信息化手段。同时，国家电网有限公司对技术标准体系化实施效益评价模型进行了研究，提出"全链条价值链分解法"的方法。本书囿于篇幅对其未做详细介绍，未来将做进一步补充。

附录 A　国家电网有限公司相关单位的
技术标准实施评价细则

国家电网有限公司省电力公司技术标准实施评价细则见表 A.1。

表 A.1　国家电网有限公司省电力公司技术标准实施评价细则

项目	层　级	评价对象	评　价　内　容	评价方法和证明材料
1.领导作用	省电力公司、省电力公司支撑实施单位（地市供电公司）、地市供电公司二级机构（县供电公司）	主要负责人	是否在重要会议等场合就本单位技术标准实施工作进行了部署，提出要求，或签发相关文件、通知等	查阅负责人有关技术标准实施评价工作的讲话材料、相关文件、通知等
			是否在本单位技术标准实施工作资源配置、氛围营造等方面采取了有效措施	查阅具体的措施、人财物支撑、开展活动的证实性信息
			是否明确了本单位技术标准实施工作各相关部门的职责要求，并指导其履行职责	查阅明确职责的文件；按照规定的职责随机抽取 1~3 项，查阅证实职责履行的相关资料
			是否在本单位绩效考核中适当体现了技术标准实施评价考核指标，开展考核并根据结果兑现绩效	查阅考核方式、评价结果以及绩效兑现记录
2.体系维护	省电力公司	科技管理部门	是否在收到新发布/废止国家电网有限公司技术标准的通知文件后的 10 个工作日内，转至相关业务管理部门、单位	查阅相关证明材料

147

项目	层级	评价对象	评价内容	评价方法和证明材料
2.体系维护	省电力公司	科技管理部门	是否在国家电网有限公司技术标准管理系统（平台）上公示新发布/废止国家、行业标准信息的 10 个工作日内，转告相关业务管理部门、单位	查阅转告新发布/废止国家、行业技术标准的文件、资料
		业务管理部门	是否在收到新发布/废止国家电网有限公司技术标准的通知文件后的 15 个工作日内，将新发布标准纳入本部门业务管理范围内应执行的技术标准清单，将废止标准剔除，并通知到省电力公司支撑实施单位（地市供电公司）	查阅更新后的部门业务管理范围内应执行的技术标准清单
			是否在国家电网有限公司技术标准管理系统（平台）上公示新发布/废止国家、行业标准信息的 15 个工作日内，将新发布标准纳入本部门业务管理范围内应执行的技术标准清单，将废止标准剔除，并通知到省电力公司支撑实施单位（地市供电公司）	查阅更新后的部门业务管理范围内应执行的技术标准清单
	省电力公司支撑实施单位（地市供电公司）	科技管理部门	是否在收到新发布/废止国家电网有限公司技术标准的通知文件后的 10 个工作日内，转至相关业务管理部门、单位	查阅相关证明材料
			是否在国家电网有限公司技术标准管理系统（平台）上公示新发布/废止国家、行业技术标准信息的 10 个工作日内，转告相关业务管理部门、单位	查阅转告新发布/废止的国家、行业技术标准的文件、资料

项目	层　级	评价对象	评　价　内　容	评价方法和证明材料
2.体系维护	省电力公司支撑实施单位（地市供电公司）	业务管理部门	是否在省电力公司业务部门应执行技术标准清单更新并发布通知的 15 个工作日内，将新发布标准纳入本部门业务管理范围内应执行的技术标准清单，将废止标准剔除，并通知到本单位二级机构（经上级单位审核批准）	查阅更新后的部门业务管理范围内应执行的技术标准清单；查阅上级单位批准的证明材料
	地市供电公司二级机构/县供电公司	机构（中心）/供电所（班组）	是否在省电力公司支撑实施单位（地市供电公司）相关业务部门应执行技术标准清单更新并发布的 15 个工作日内，将新发布标准纳入机构（中心）/供电所（班组）业务范围内应执行的技术标准清单，将废止标准剔除（经上级单位审核批准）	查阅更新后的机构（中心）/供电所（班组）应执行的技术标准清单；查阅上级单位批准的证明材料
3.标准辨识	省电力公司	科技管理部门	是否依据《国家电网有限公司技术标准体系表》和相关专业技术标准分支体系，依托国家电网有限公司技术标准管理系统（平台），结合本单位实际需要组织编制本单位技术标准体系表并正式发布；应执行的技术标准无缺失	查阅发布的省电力公司技术标准体系表，包括标准编号、标准名称、标准分类等信息，原则上应明确负责组织执行的业务管理部门。对《国家电网有限公司技术标准体系表》中未纳入省电力公司技术标准体系表的标准，要求逐项标注切合实际的理由
		业务管理部门	是否按照本部门业务管理范围，依据本单位技术标准体系表，识别、确定了本部门业务管理范围内应执行的技术标准，并明确执行标准的省电力公司支撑实施单位（地市供电公司），明确负责组织执行和关联的业务管理岗位，形成技术标准清单；应执行的技术标准无缺失	查阅部门技术标准清单，包括标准编号、标准名称、标准分类等信息，以及负责组织执行和关联的业务管理岗位、执行标准的省电力公司支撑实施单位（地市供电公司及其二级机构）

续表

项目	层　　级	评价对象	评　价　内　容	评价方法和证明材料
3. 标准 辨识	省电力公司支撑实施单位（地市供电公司）	科技管理部门	是否依据《国家电网有限公司技术标准体系表》和省电力公司技术标准体系表组织编制本单位的技术标准清单；应执行的技术标准无缺失	查阅地市供电公司技术标准清单，包括编号、标准名称、标准分类等信息，原则上应明确负责组织执行的业务管理部门
		业务管理部门	是否按照本部门业务管理范围，依据本单位技术标准清单，识别、确定了本部门业务管理范围内应执行的技术标准，并明确负责组织执行和关联的业务管理岗位以及执行标准的本单位二级机构（经上级单位审核批准），形成技术标准清单；应执行的技术标准无缺失	查阅部门业务管理范围内应执行的技术标准清单，包括标准编号、标准名称、标准分类等信息，以及负责组织执行和关联的业务管理岗位及应执行标准的二级机构；查阅上级单位批准的证明材料
	地市供电公司二级机构/县供电公司	机构（中心）/供电所（班组）	是否按照机构（中心）/供电所（班组）业务范围，依据省电力公司支撑实施单位（地市供电公司）及其相关业务部门技术标准清单，并明确负责组织执行和关联的业务岗位，识别、确定了机构（中心）/供电所（班组）业务范围内应执行的技术标准，形成技术标准清单，经上级单位审核批准后实施；应执行的技术标准无缺失	查阅机构（中心）/供电所（班组）应执行的技术标准清单，包括标准编号、标准名称、标准分类、应执行的班组等信息；查阅上级单位批准的证明材料
			是否把每一项技术标准对应到具体的作业项目（工作项目），建立作业项目（工作项目）与应执行技术标准的对照表（经上级单位审核批准）	查阅作业项目（工作项目）与应执行技术标准对照表，要求准确无偏差；查阅上级单位批准的证明材料

项目	层　级	评价对象	评 价 内 容	评价方法和证明材料
4. 宣贯培训	省电力公司	科技管理部门	是否按照省电力公司的业务流程管理要求，组织完成了技术标准在相应的业务管理流程中的匹配工作	查阅（抽查）业务流程管理技术标准要素的匹配情况
			是否组织了全公司技术标准体系及实施评价工作的宣贯培训	查阅组织宣贯培训的证明材料
		业务管理部门	是否熟知本部门业务范围内应执行的技术标准；是否组织编制本部门业务管理范围内必要的标准化作业指导文件并及时更新	抽查业务管理人员对本岗位业务范围内应执行技术标准的熟知情况；查阅部门业务范围内必要的标准化作业指导文件
			是否将本部门应直接执行的技术标准对接到相应业务流程；是否掌握本部门应直接执行的技术标准	查阅（抽查）技术标准与业务流程的对接情况，询问部门相关人员对应直接执行技术标准的掌握情况
			是否组织了本部门业务管理范围内重要标准的宣贯培训	查阅宣贯培训的证明材料
	省电力公司支撑实施单位（地市供电公司）	业务管理部门	是否熟知本部门业务管理范围内应执行的技术标准；是否组织编制本部门业务管理范围内必要的标准化作业指导文件并及时更新	抽查业务管理人员对本部门业务范围内应执行技术标准的熟知情况；查阅部门业务管理范围内必要的标准化作业指导文件
			是否将本部门应直接执行的技术标准对接到业务流程；是否掌握本部门应直接执行的技术标准	查阅（抽查）技术标准与业务流程的对接情况，询问部门相关人员对应直接执行技术标准的掌握情况

项目	层　　级	评价对象	评　价　内　容	评价方法和证明材料
4.宣贯培训	省电力公司支撑实施单位（地市供电公司）	业务管理部门	是否参加了上级单位组织的宣贯培训；是否组织了本单位的宣贯培训	查阅参加上级单位宣贯培训的相关证明材料；查阅组织开展本单位宣贯培训（包括自学习）的证明材料
	地市供电公司二级机构/县供电公司	机构（中心）/供电所（班组）	是否熟知/掌握机构（中心）/供电所（班组）业务范围内应执行的技术标准	询问机构（中心）/供电所（班组）岗位人员对技术标准的掌握情况
			必要时，是否按照作业项目编制了标准化作业指导文件（标准化作业指导文件应得到上级单位的正式批准）	查阅编制的标准化作业指导文件和经上级单位批准的审批文件
			是否将机构（中心）/供电所（班组）应执行的技术标准对接到作业流程（标准化作业指导文件）	查阅（抽查）技术标准和作业流程的对接情况
			是否参加了上级单位组织的宣贯培训；是否组织本单位的宣贯培训	查阅参加上级单位宣贯培训的相关证明材料；查阅组织开展本单位宣贯培训（包括自学习）的证明材料
5.标准执行	省电力公司	业务管理部门	是否有效执行本部门应直接执行的技术标准	查阅技术标准得到有效执行的证明材料
			是否对本部门应直接执行的技术标准在执行过程中发现的标准不适用、交叉矛盾、缺失等问题进行记录	查阅执行标准过程中发现问题的记录
			是否对下级单位在技术标准执行过程中反馈的标准不适用、交叉矛盾、缺失等问题进行收集汇总	查阅收集汇总记录的证明材料

项目	层　　级	评价对象	评　价　内　容	评价方法和证明材料
5. 标准 执行	省电力公司支撑实施单位（地市供电公司）	业务管理部门	是否有效执行本部门应直接执行的技术标准	查阅技术标准得到有效执行的证明材料
			是否对本部门应直接执行的技术标准在执行过程中发现的标准不适用、交叉矛盾、缺失等问题进行记录	查阅执行标准过程中发现问题的记录
			是否对下级单位在技术标准执行过程中反馈的标准不适用、交叉矛盾、缺失等问题进行收集汇总	查阅收集汇总记录的证明材料
	地市供电公司二级机构（县供电公司）	机构（中心）/供电所(班组)	是否有效执行机构（中心）/供电所（班组）应直接执行的技术标准	查阅技术标准得到有效执行的证明材料
			是否对机构（中心）/供电所（班组）应直接执行的技术标准在执行过程中发现的标准不适用、交叉矛盾、缺失等问题进行记录	查阅收集汇总记录的证明材料
6. 监督 检查	省电力公司	科技管理部门	是否组织协调各部门将其业务管理范围内技术标准执行的监督检查衔接到日常业务管理工作	查阅有关组织协调工作的资料、人员记录
		业务管理部门	是否结合日常业务管理工作，对本部门业务管理范围内应执行技术标准的执行情况进行监督检查；是否有检查记录，有无不符合问题的发现	查阅相关检查记录、问题的发现记录；问题描述应客观准确
			是否对本部门应直接执行技术标准在执行过程中发现的违反和不符合标准的问题进行记录	查阅对应执行标准执行过程发现问题的记录

项目	层 级	评价对象	评 价 内 容	评价方法和证明材料
6.监督检查	省电力公司支撑实施单位（地市供电公司）	科技管理部门	是否组织协调各部门将其业务管理范围内技术标准执行的监督检查衔接到日常业务管理工作	查阅有关组织协调工作的资料、人员记录
		业务管理部门	是否结合日常业务管理工作，对本部门业务管理范围内应执行技术标准的执行情况进行监督检查；是否有检查记录，有无不符合问题的发现	查阅相关检查记录、问题发现记录；问题描述应客观准确
			是否对本部门应直接执行技术标准在执行过程中发现的违反和不符合标准的问题进行记录	查阅对应执行标准执行过程发现问题的记录
	地市供电公司二级机构（县供电公司）	机构（中心）/供电所(班组)	是否结合日常业务工作，对机构（中心）/供电所（班组）业务范围内应直接执行技术标准的执行情况进行监督检查；是否有检查记录，有无不符合问题的发现	查阅相关检查记录、问题的发现记录；问题描述应客观准确
7.结果评价	省电力公司	科技管理部门	是否对技术标准体系实施情况进行评价，形成体系评价结果	查阅评价依据和评价结果
			是否依据体系评价结果和各业务管理部门的专业评价结果，对本单位技术标准实施情况进行整体评价，并形成评价报告	查阅以实施和评价数据为支撑的评价报告
		业务管理部门	是否对本部门业务管理范围内应执行的技术标准在各基层单位的实施效果进行评价，形成本部门评价报告	查阅评价依据和评价报告

项目	层　级	评价对象	评 价 内 容	评价方法和证明材料
8.改进提升	省电力公司	科技管理部门	是否运用业务流程管理平台分析功能，监测分析技术标准在省电力公司业务管理部门各业务、各岗位的落实情况，记录监测分析结果	查阅业务流程管理协同管理平台的数据分析
			是否对标准辨识、宣贯培训、标准执行、监督检查过程中发现的违反和不符合标准问题，以及对问题的改进等进行汇总、统计、分析，并给出改进意见	查阅汇总分析和评价报告；查阅相关过程资料
			是否对标准辨识、宣贯培训、标准执行、监督检查过程中发现的标准不适用、交叉矛盾、缺失等问题，以及对问题的改进等进行汇总、统计、分析	查阅汇总分析和评价报告；查阅相关过程资料
			是否向国家电网有限公司科技部反馈标准修订、废止、补充立项等建议	查阅对发现问题的描述和建议
		业务管理部门	是否对标准辨识、宣贯培训、标准执行、监督检查过程中发现的违反和不符合标准问题进行分析，并组织对问题进行了改进	查阅问题的发现记录、改进过程和效果；与参与问题改进的相关人员进行沟通，了解改进效果
			是否对标准辨识、宣贯培训、标准执行、监督检查过程中发现的标准不适用、交叉矛盾、缺失等问题进行分析，并向国家电网有限公司总部业务管理部门和本单位科技管理部门反馈标准的修订、废止、补充立项等建议	查阅问题的发现记录、问题描述和建议

项目	层级	评价对象	评 价 内 容	评价方法和证明材料
8.改进提升	省电力公司支撑实施单位（地市供电公司）	科技管理部门	是否对标准辨识、宣贯培训、标准执行、监督检查过程中发现的违反和不符合标准问题，以及对问题的改进等进行汇总、统计、分析	查阅汇总分析和评价报告，查阅相关过程资料
			是否对标准辨识、宣贯培训、标准执行、监督检查过程中发现的标准不适用、交叉矛盾、缺失等问题进行分析，并向省电力公司科技管理部门反馈标准的修订、废止、补充立项等建议	查阅汇总分析和评价报告，查阅相关过程资料，并要求提供对发现问题的描述和建议
		业务管理部门	是否对标准辨识、宣贯培训、标准执行、监督检查过程中发现的违反和不符合标准问题进行了分析，并组织对问题进行了改进	查阅问题的发现记录、改进过程和效果；与参与问题改进的相关人员进行沟通，了解改进效果
			是否对标准辨识、宣贯培训、标准执行、监督检查过程中发现的标准不适用、交叉矛盾、缺失等问题进行分析，并向省电力公司业务管理部门和本单位科技管理部门反馈标准修订、废止、补充立项等建议	查阅问题的发现记录、问题描述和建议
	地市供电公司二级机构（县供电公司）	机构（中心）/供电所（班组）	是否对标准辨识、宣贯培训、标准执行、监督检查过程中发现的违反和不符合标准问题进行了分析，并组织对问题进行了改进	查阅问题的发现记录、改进过程和效果；与参与问题改进的相关人员进行沟通，了解改进效果
			是否对标准辨识、宣贯培训、标准执行、监督检查过程中发现的标准不适用、交叉矛盾、缺失等问题进行了分析，并向上级管理部门反馈	查阅问题的发现记录、问题描述

国家电网有限公司产业单位技术标准实施评价细则见表 A.2。

表 A.2　　国家电网有限公司产业单位技术标准实施评价细则

项目	层　级	评价对象	评　价　内　容	评价方法和证明材料
1.领导作用	产业单位/各二级单位	主要负责人	是否在重要会议等场合就本单位技术标准实施工作进行了部署，提出要求，或签发相关文件、通知等	查阅负责人有关技术标准实施评价工作的讲话材料、相关文件、通知等
			是否在本单位技术标准实施工作资源配置、氛围营造等方面采取了有效措施	查阅具体的措施方法、人财物支撑、开展活动的证实性信息
			是否明确了本单位技术标准实施工作各相关部门的职责要求，并指导其履行职责	查阅明确职责的文件；按照规定的职责随机抽取 1~3 项，查阅证实职责履行的相关资料
			是否在本单位绩效考核中适当体现了技术标准实施评价考核指标，并进行了相关考核	查阅考核方式、评价结果的证明材料
2.体系维护	产业单位	业务管理部门、科技管理部门	是否在收到新发布/废止国家电网有限公司技术标准的通知文件后的 10 个工作日内，通知到各二级单位	查阅转告新发布/废止国家电网有限公司技术标准的文件、资料
			是否在国家电网有限公司技术标准管理系统（平台）上公示新发布/废止国家标准、行业标准信息的 10 个工作日内，通知到各二级单位	查阅转告新发布/废止国家标准、行业标准的文件、会议资料

项目	层级	评价对象	评价内容	评价方法和证明材料
2.体系维护	各二级单位	各二级单位科技管理部门、业务管理部门	是否在收到新发布/废止国家电网有限公司技术标准的通知文件后的 10 个工作日内，通知到各产品项目组	查阅转告新发布/废止国家电网有限公司技术标准的文件、资料
			是否在国家电网有限公司技术标准管理系统（平台）上公示新发布/废止国家标准、行业标准信息的 10 个工作日内，通知到各产品项目组	查阅转告新发布/废止国家标准、行业标准的文件、会议资料
	各产品线	各产品项目组及业务组	是否在收到新发布/废止国家标准、行业标准、国家电网有限公司技术标准的通知文件后的 15 个工作日内，将新发布标准纳入本产品技术领域范围内应执行的技术标准清单，并将废止标准剔除	查阅更新后的产品线应执行的技术标准清单；查阅相关批准的证明材料
3.标准辨识	产业单位	业务管理部门、科技管理部门	是否参考《国家电网有限公司技术标准体系表》和相关专业技术标准分支体系表，结合本单位实际需要组织梳理、编制、审查本单位技术标准体系	查阅发布的本单位技术标准体系，包括标准编号、标准名称、标准分类等信息
	各二级单位	各二级单位科技管理部门、业务管理部门	各二级单位科技管理部门是否依据《国家电网有限公司技术标准体系表》，协同业务管理部门组织梳理、编制、审查本单位各产品线的技术标准体系	查阅发布的本单位技术标准体系，包括标准编号、标准名称、标准分类等信息，以及对应的产品

项目	层级	评价对象	评 价 内 容	评价方法和证明材料
3. 标准辨识	各产品线	各产品项目组及业务组	是否依据《国家电网有限公司技术标准体系表》，按照产品线技术领域，梳理、识别、确定具体产品线技术领域在研发、生产、检测中应执行的技术标准，形成技术标准清单，并明确负责组织执行和关联的产品线，经审核批准后实施；应执行的技术标准无缺失	查阅产品线应执行的技术标准清单，包括标准编号、标准名称、标准分类、应执行的产品线等信息；查阅批准的证明材料
			是否把每一项技术标准对应到具体的产品，建立产品与应执行技术标准的对照表	查阅产品与应执行技术标准的对照表准确无偏差；查阅批准的证明材料
4. 宣贯培训	产业单位	科技管理部门、业务管理部门	是否组织了本单位技术标准的相关宣贯培训	查阅组织宣贯培训的证明材料
	各二级单位	各二级单位科技管理部门、业务管理部门	是否参加了上级单位组织的技术标准宣贯培训；是否组织了本单位的宣贯培训	查阅参加上级单位宣贯培训的相关证明材料；查阅组织本单位宣贯培训（包括自学习）的证明材料
	各产品线	各产品项目组	是否熟知产品线范围内应执行的技术标准	询问相关人员对技术标准的掌握情况
			是否将产品线应执行的技术标准对接到产品	查阅（抽查）技术标准和产品的对接情况

续表

项目	层　级	评价对象	评　价　内　容	评价方法和证明材料
4. 宣贯 培训	各产品线	各产品项目组	是否参加了上级单位组织的技术标准宣贯培训；是否组织本产品线的宣贯培训	查阅参加上级单位宣贯培训的相关证明材料；查阅组织开展本单位宣贯培训（包括自学习）的证明材料
5. 标准 执行	各产品线	各产品项目组及业务组	是否在产品研发、生产、出厂检测中有效执行技术领域应直接执行的技术标准	查阅技术标准得到有效执行的证明材料
			是否对技术领域应直接执行的技术标准在执行过程中发现的标准缺失、不适用、交叉矛盾等问题进行记录并提交	查阅收集执行记录的证明材料
6. 监督 检查	产业单位	科技管理部门	是否组织开展产品研发领域范围内技术标准执行情况的监督检查活动	查阅有关组织协调工作的资料、人员记录
			是否对各二级单位在产品研发领域范围内技术标准执行过程中发现的违反和不符合标准的问题进行收集汇总	查阅收集汇总记录的证明材料
		业务管理部门	是否组织开展产品生产过程中技术标准执行情况的监督检查活动	查阅有关组织协调工作的资料、人员记录
			是否组织确定其对产品在出厂检测中技术标准执行情况的监督检查措施	查阅有关组织协调工作的资料、人员记录
			是否对各二级单位在生产和出厂检测的技术标准执行过程中发现的违反和不符合标准的问题进行收集汇总	查阅收集汇总记录的证明材料

续表

项目	层　级	评价对象	评　价　内　容	评价方法和证明材料
6.监督检查	各二级单位	各二级单位科技管理部门	是否根据监督检查措施，组织监督检查本单位产品在研发过程中应执行的技术标准的执行情况；是否对违反和不符合标准的问题进行记录	查阅相关检查记录、问题的发现记录；问题描述应客观准确
		各二级单位业务管理部门	是否根据监督检查措施，组织监督检查本单位产品在生产过程中应执行的技术标准的执行情况；是否对违反和不符合标准的问题进行记录	查阅相关检查记录、问题的发现记录；问题描述应客观准确
			是否根据监督检查措施，组织监督检查本单位产品在出厂检测中应执行技术标准的执行情况；是否对违反和不符合标准的问题进行记录	查阅相关检查记录、问题的发现记录；问题描述应客观准确
	各产品线	各产品项目组及业务组	是否结合日常业务工作，对产品线范围内应直接执行的技术标准的执行情况进行监督检查；是否对违反和不符合标准的问题进行记录	查阅相关检查记录、问题的发现记录；问题描述应客观准确
7.结果评价	产业单位	科技管理部门	是否对本单位技术标准体系实施情况进行评价，形成体系评价结果	查阅评价依据和评价结果的证明材料
			是否依据体系评价结果，对本单位技术标准实施情况进行整体评价，并形成评价报告	查阅以实施和评价数据为支撑的评价报告
	各二级单位	各二级单位科技管理部门	是否对本单位技术领域范围内应执行的技术标准在各基层单位实施效果进行评价，并形成本单位评价报告	查阅评价依据和评价报告的证明材料

项目	层级	评价对象	评价内容	评价方法和证明材料
8. 改进提升	产业单位	科技管理部门、业务管理部门	是否对标准辨识、宣贯培训、标准执行、监督检查过程中发现的违反和不符合标准问题，以及对问题的改进等进行统计、分析，并给出改进意见	查阅汇总分析和评价报告；查阅相关过程资料
			是否对标准辨识、宣贯培训、标准执行、监督检查过程中发现的标准不适用、交叉矛盾、缺失等问题，以及对问题的改进等进行统计、分析，并给出改进意见	查阅汇总分析和评价报告；查阅相关过程资料
			是否向国家电网有限公司科技部及上级标准化管理部门反馈标准的修订、废止、补充立项等建议，并组织相关标准的研究工作	查阅对发现问题的描述和建议；查阅相关标准研究的证明材料
	各二级单位	各二级单位科技管理部门、业务管理部门	是否对本单位产品技术领域标准辨识、宣贯培训、标准执行、监督检查过程中发现的违反和不符合标准问题进行分析，组织对问题进行改进	查阅汇总分析和评价报告；查阅相关过程资料
			是否对本单位产品技术领域标准辨识、宣贯培训、标准执行、监督检查过程中发现的标准不适用、交叉矛盾、缺失等问题进行分析，并向本单位科技管理部门反馈标准修订、废止、补充立项等建议	查阅汇总分析和评价报告；查阅相关过程资料

项目	层　级	评价对象	评　价　内　容	评价方法和证明材料
8.改进提升	各产品线	各产品项目组及业务组	是否对产品线范围内标准辨识、宣贯培训、标准执行、监督检查过程中发现的违反和不符合标准问题进行了分析，根据要求对问题进行了改进	查阅问题的发现记录、改进过程和效果；与参与问题改进的相关人员进行沟通，了解改进效果
			是否对产品线范围内标准辨识、宣贯培训、标准执行、监督检查过程中发现的标准不适用、交叉矛盾、缺失等问题进行了分析，根据要求对问题进行了改进，并具体落实了相关标准的研究工作	查阅问题的发现记录、问题描述；查阅相关标准研究的证明材料

参 考 文 献

［1］科技部、质检总局、国标委联合发布《"十三五"技术标准科技创新规划》
［J］. 中国标准化，2017（13）：22.

［2］国务院《国家标准化体系建设发展规划（2016—2020年）》［J］. 标准生
活，2017（01）：12.

［3］田世宏. 实施创新驱动发展战略深化标准化改革创新［J］. 中国质
量报，2016（07）.

［4］于连超，王益谊. 美国标准战略最新发展及其启示［J］. 中国标准化，
2016（05）：89-93.

［5］邵逸超. 北美主要国家标准战略概述及分析［J］. 商业经济，2015（09）：
112-114.

［6］温珊林. 美国、加拿大、日本标准化战略［J］. 中国标准导报，2003
（08）：33-36.

［7］许柏，杜东博，刘晶，等. 日本标准化战略发展历程与最新进展［J］.
标准科学，2018（10）：6-10.

［8］徐京悦. 美国标准化体制评介［J］. 中国标准化，2001（04）：46.

［9］李春田. 对综合标准化与标准化战略转型的思考［J］. 信息技术与标准
化，2013（Z1）：4-6.

［10］李春田，房庆，王平. 标准化概论（第六版）［M］. 北京：中国人民大

学出版社，2014.

[11] 金烈元. 标准的实施及其选用和剪裁［M］. 北京：中国标准出版社、
国防工业出版社，2017.

[12] 刘辉，王益谊，付强. 美国自愿性标准体系评析［J］. 中国标准化，
2014（03）：83-86，91.

[13] 郭政. 标准引领德国工业升级——德国工业 4.0 中的标准化战略及其启
示［J］. 上海质量，2013（10）：22-26.

[14] 卜海，高圣平，王玉英，等. 国内外标准经济效益评价方法现状及发展
趋势［J］. 石油工业技术监督，2015，31（07）：15-17.

[15] 莫洁. 我国标准化工作建设现状分析及对策研究［J］. 生产力研究，
2012（07）：166-169.

[16] 张超，解忠武，秦挺鑫. 企业技术标准实施评价方法研究［J］. 标准
科学，2016（05）：38-42，51.

[17] 刘瑞宁. 企业技术标准实施策略［J］. 工程机械文摘，2015（03）：
60-62.

[18] 解忠武，李军. 技术标准实施评价工作的思考［J］. 中国质量与标准
导报，2017（12）：64-67.

[19] 赵三珊，许唐云. 大型电力企业技术标准实施评价［J］. 经营与管理，
2017（12）：130-134.

[20] 朱磊. 创新管理机制如何协同推进制度标准执行［J］. 现代国企研究，
2018（10）：144.

[21] 贺兴容，宋梁，杜先明，等. 以行为文化建设提升电力企业标准执行

力的策略研究 [J]. 中国电力教育, 2014 (27): 107–108.

[22] 商黎, 秦文, 谢淑娟. 深化标准化改革大框架下标准实施监督体系构建探析 [J]. 中国标准化, 2015 (11): 87–90.

[23] 牛金辉, 王细凤, 袁照路. 标准实施效果评价研究进展 [J]. 中国标准化, 2018 (13): 101–104.

[24] 邵雅文. 标准经济效益评价: 用事实说话 [J]. 中国标准化, 2012 (08): 10–15.

[25] 段文华. 电力企业实施标准化良好行为探讨 [J]. 大众标准化, 2009 (S2): 28–30.

[26] 李军, 吴杰, 刘珏. 标准实施效果评价国内研究综述及初探 [J]. 标准科学, 2018 (08): 97–101.

[27] 王淑华, 叶吉超, 程烨, 等.互联网+电力企业技术标准实施评价的研究和应用 [J]. 智能电网, 2017, 5 (09): 918–923.

[28] 宋禹飞, 李俊超, 周育忠, 等. 企业技术标准实施评价体系研究 [J]. 标准科学, 2018 (09): 52–56.

[29] 庄雪丽, 刘伊生, 王肖文. 村镇建设工程标准实施绩效评价研究 [J]. 建筑经济, 2016, 37 (07): 96–99.

[30] 张明兰. 德国标准化战略 [J]. 上海标准化, 2006 (07): 32–36.

[31] 宋明顺, 王玉珏. 德国标准化及其对我国标准化的启示 [J]. 中国标准化. 2016 (2): 96–100.